洋経済

NHK受信料ビジネスの正体

週刊東洋経済 eビジネス新書 No.453

NHK 受信料ビジネスの正体

本書は、東洋経済新報社刊『週刊東洋経済』2023年1月28日号より抜粋、加筆修正のうえ制作しています。情報は底本編集当時のものです。(標準読了時間 120分)

NHK 受信料ビジネスの正体 目次

インターネット事業急拡大のひずみ

「今月のPVは2億5000万を超えそうだ」。2022年12月、渋谷のNHK本館2階にある報道局が沸いた。サッカーW杯の速報が、ニュースサイト「NEWSWEB」の閲覧数を稼いだ。内部資料によると、同サイトの月次平均PVは2021年度の2・4億に比べ、22年は1・8億と低調だった。そこに来てW杯の盛り上がりが「特需」となったのだ。

今、NHKが総力を挙げるのがNEWSWEBや放送の同時・見逃し配信を提供する「NHKプラス」をはじめとするインターネット事業だ。

前田晃伸（てるのぶ）会長が掲げた人事制度改革の1つの柱として、2022年春から「デジタル職員制度」を導入。コンテンツのデジタル化を進めるため、社内外からデジタル業務に特化した職員を集めている。人事局は２０２１年１２月、「『全国職員からデジタル職員への移行』募集要項」で社内公募を開始。書類審査と面接でふるいにかけた。

社外からも、デジタル分野で専門性の高い人材を募る。２２年末までにヤフーから複数人が転職。ほかにも朝日新聞、通信社や出版社などで活躍するデジタル担当者が続々と集まり、２０２１年と２２年で約２０人が中途入社した。

現在デジタル職員は約１００人に上り、今後も増員する方針だ。報道局員に配付された資料には、デジタル職員制度の目的について、こう書かれている。「ＮＨＫのデジタルサービスを加速的に成長させ、未来のＮＨＫを形づくること」。

・ニュース制作部やおはよう日本部の制作・送出ワークフローの見直し
おはよう日本の年間50～60件の15時間超の長時間勤務をなくす
・最終ニュース以降の夜中の震度3の特設ニュースをやめる
・デジタル制作の勤務を2交代制から3交代制に
3 現場を信頼して権限を委ね若手の意見をコンテンツに反映する
・若手が挑戦できるデジタルコンテンツのコーナーの創設
・30代の若手をデジタルオーダー編責に起用する
・ジャーナリスト教育を充実して若手を育成し報道倫理を浸透させる

2. デジタルシフトの加速
① NEWSWEB を24時間動画ニュースサイトに
・テキスト中心から動画ベースにシフトし動画を増やす
来年度までに30秒動画ニュースなど1日50本の動画制作を目指す
② デジタルファーストを実装へ
・出稿改革で放送枠を待たずに出稿し速やかにデジタルも発信
・迅速で効果的なSNS動画の発信を強化する
・デジタル総合編責に基幹ニュース編責と同等の権限を与える
・NC2階にデジタル制作を移し、テレビとデジタルの一体制作化を加速
・マルチ展開を可能にする素材管理(クラウド活用・メタデータ付与)
③ ネットワーク報道部／社番デジタル／映像センターMO
・職種や部局を越えてデジタルスキルと
・デジタル分析を徹底し、
④ 地域局の

2021 年 12 月 15 日
人事局

「全国職員からデジタル職員への移行」募集要項

社会環境が大きく変化するなか、「公共メディア」として、人々の命を守り、多元的・文化的な社会の発展に貢献するというNHKの使命はますます強くなっています。

人事制度改革の一環として、時代を切り拓くフロンティア精神とテクノロジーを駆使して新しいサービスやプロダクト、コンテンツを生み出し、公共メディアの革新を担っていただく「デジタル職員」を募集します。

1. 応募資格
入局2年を経過した全国職員(2022年4月1日時点)
※グレードや処遇区分、勤続年数等に上限はありません。
※管理職(基幹職)、業務職(一般職)ともに募集します。

2. 人財要件
以下のマインドやスキルを持つ人財、またはその可能性がある人財を求めます。
● デジタルサービスを取り巻く現状や課題を把握し長期的なビジョンを描ける人財
● 主力サービスやプロダクトの開発・グロースをビジネスやテックの見地をもとに堅実に推進していける人財
● 専門領域を横断しながら、新しい発想でサービスやプロダクト、コンテンツに革新をもたらす突破力を持った人財

2022年11月に報道局長が局員に示した方針では「デジタルファースト」が強調される(上)。社内外からデジタルに特化した職員を募り、約100人が在籍する(下)

事業費は3年で3割増

ネット事業の拡大へ前のめりに突き進むNHKだが、本格的な事業拡大には放送法改正が必要だ。放送法ではNHKの本来業務はテレビやラジオ放送と定められ、ネットでのニュースや動画配信は放送の補完と位置づけられるからだ。

ネット業務の実施内容や予算は総務省から許可を得る必要がある。許可要件は「過大な費用を要するものではない」「受信料制度の趣旨と照らして不適切ではない」こととされ、受信料を財源とする事業費にも上限が設けられる。

2021年にはそれまで受信料の2・5%としていた上限を事実上引き上げ、上限200億円とすることを総務省が認めた。事業費は177億円（21年度）から、22年度は190億円に増加。23年度は197億円の計画で、この3年で33%増となる見込みだ。

NHKがネット事業拡大を急ぐのは、テレビ離れが急速に進んでいるからだ。スマートフォンやPC端末だけでなく、ネットに接続するスマートテレビが主流になり、テレビ画面でもネットフリックスなどの配信サービスを視聴する比率が増加している。

ネットの利用時間がコロナ禍で急増
―自宅内1日当たりメディア接触の経年変化―

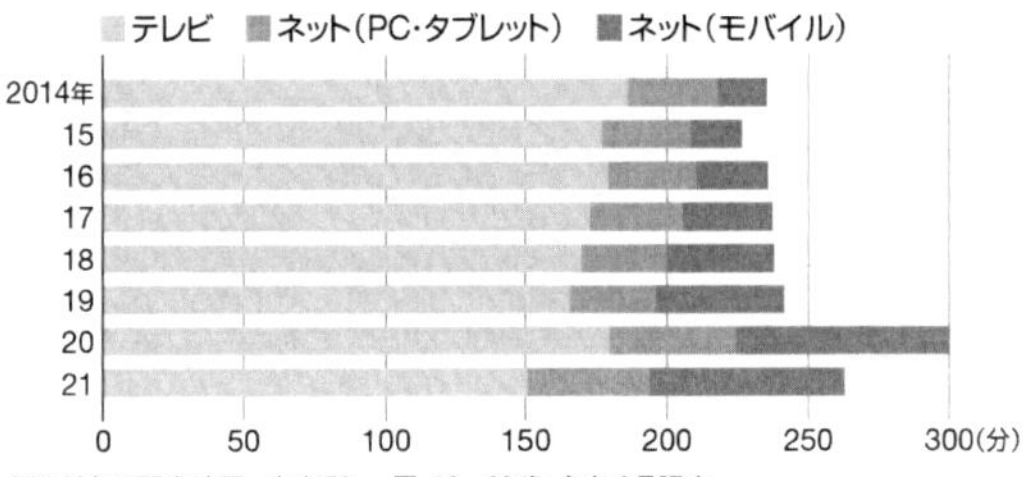

(注)対象は関東地区・東京50km圏、12~69歳。各年6月調査
(出所)総務省公共放送ワーキンググループ事務局「公共放送の現状について」、ビデオリサーチ

テレビでインターネット動画を見る人が増加
―スマートテレビ上で視聴される放送と動画配信の割合―

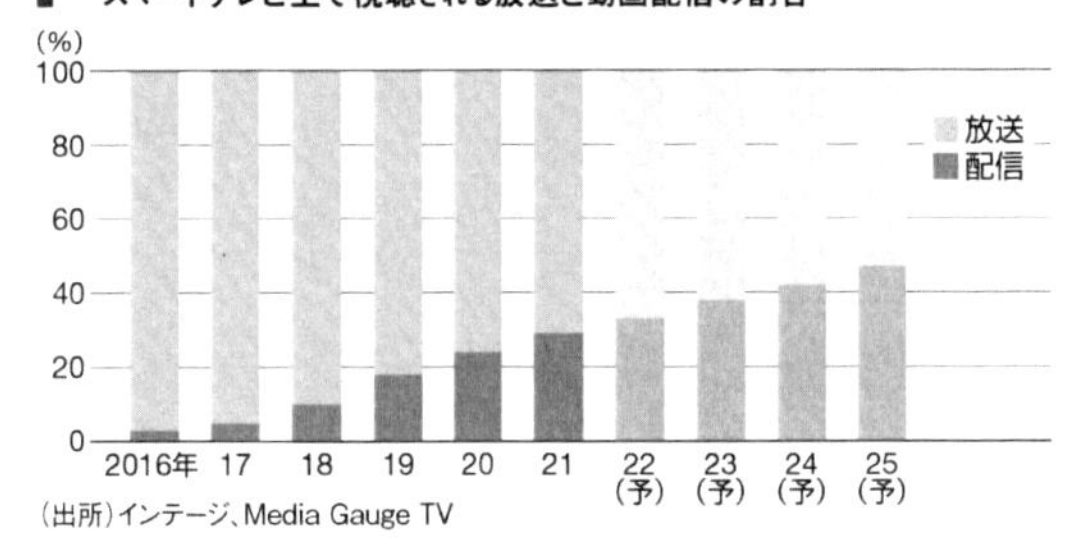

(出所)インテージ、Media Gauge TV

ネット事業　推進の経緯

放送から通信へ次々に転換が図られてきた経緯を、ＮＨＫの「インターネット活用業務実施計画」などから振りかえってみよう。

２００８年：見逃し・オンデマンド配信サービス「ＮＨＫオンデマンド」を開始
２０１１年：ＮＨＫニュースのインターネット配信「ＮＨＫ ＮＥＷＳＷＥＢ」がスマホに対応
　同年：ラジオ放送の同時・聴き逃し配信「らじる★らじる」を開始
２０１５年：ネット業務に使う予算の上限を４０億円から受信料収入の２・５％に拡大
２０１６年：災害情報などを同時配信する「ニュース・防災」アプリを開始
２０２０年：放送法改正により「ＮＨＫプラス」の常時同時配信が解禁される
２０２１年：ネット業務予算の上限が定額２００億円に拡大

2022年：総合テレビの同時配信を19時間から24時間へ延長
　同年：ネットに接続したテレビでの見逃し番組視聴を可能に
同年4～5月：テレビを見ない人を対象としたネット配信の社会実証を実施
同年8月：自民党の「放送法の改正に関する小委員会」がNHKのネット事業を本来
　　業務とすべきかを検討することを総務省に要求
同年9月：総務省で本来業務への格上げを検討する有識者会議が開始
2023年6月：総務省が有識者会議での議論を取りまとめる予定

NHKにとってテレビ離れ以上に深刻なのは、テレビ設置者から強制徴収する受信料制度への国民の抵抗感だ。それを象徴する現象の1つが、2021年にディスカウントストアのドン・キホーテが発売したテレビ放送が映らないチューナーレススマートテレビである。

ネット上では「NHKが映らないテレビ」と話題を呼び、1カ月で6000台がほぼ完売した。

説明を避けるＮＨＫ

総務省ではネットを補完から本来業務に格上げする放送法改正が検討されている。自民党の「放送法の改正に関する小委員会」の提言を受け、総務省は２０２２年9月から公共放送ワーキンググループ（ＷＧ）を開始。２３年6月には議論を取りまとめる。

日本のテレビ放送は配信との融合は欧米と比べ周回遅れで、ＮＨＫがネット配信に力を入れるのは必然だ。しかし見落とせないのが、１２月で4回目を迎えたＷＧにおいて、ＮＨＫはネット事業が本来業務化された後に何をしたいのか、どんな事業を展開したいのかを一向に説明していない点だ。

２２年１１月に開かれた3回目の会合ではＮＨＫの伊藤浩専務理事が説明に立ち、ネット事業の予算上限のあり方について問われたが、「視聴者・国民の意向を踏まえるべきもの」と述べるにとどめ、具体的な方針について明言を避けた。

ビジョンを国民に示さないまま、冒頭のようなデジタル改革は足元でさらに加速している。22年11月、報道局長が局員に配付した「報道改革の加速について」という資料では「デジタルファースト」が強調される。その中では「放送枠を待たずに出稿し速やかにデジタルも発信」という方針が示された。

放送法改正ありきで、すでに配信が放送と同列にあるのが実態だ。50代職員は「合言葉はデジタルファースト。何年も前から速報ニュースの分類の中に『P報』というものを設けている」と話す。P報とは地震で大きな揺れが来る前のP波をもじった言葉。放送前のネット先出し配信のことだ。

「すでにかなりのカネ、マンパワーがネット業務に振り向けられていて、予算上限は有名無実というのが報道局内の感覚だ」（前出の50代職員）

しかし、急速なデジタル改革のひずみは現場に表れ始めている。

デジタル職員が増員される一方で、政治部や社会部などのニュース記事を出稿する出稿部の人員は増えない。本来の放送向けの原稿に加え、ウェブ向けの出稿業務が上乗せされ、「放送のうえにウェブまでやるのは負荷が重い」と不満感が募っている。

ある中堅職員は「いちばん大変なのは人員削減が進む地方放送局だ」と明かす。「11月末に静岡で発覚した保育園での虐待事件では東京へのウェブ原稿の出稿がだいぶ遅れたが、地方局の窮状もよくわかる。人が減ったうえ、報道と同時にネット配信まで手が回らない。事件が発生すれば配信より放送が優先になるのは当然だ」。

コンテンツの質を疑問視する声もある。NEWSWEBには、政治部記者が配信する「政治マガジン」などのウェブオリジナルコンテンツがあるが、「放送ではボツになった内容や、記者が載せたいものを載せているという状況で、内容を取捨選択できないでいる」(中堅職員)という。

縮小される海外支局

放送法が改正されれば、予算上限も業務内容の制約もなくなる。今後どのような事業に投資していくのか。NHKに質問すると、「国内向けは、平日午後6時台のニュース番組の配信をすべての地方放送局に拡充することや、防災、新型コロナウイルス関連の報道などに取り組む」と回答した。

報道局のデジタル職員向けの資料では「公共の旗」「信頼」「画面」「サブスク」などの争奪戦が起きていると説明する。そこにあるのは他メディアとの競争意識だ。検索エンジンで自社サイトが上位に表示されるようSEO対策にも力を入れる。

デジタルばかりに人とカネをつぎ込む状況に違和感を覚える職員も少なくない。「デジタル化ばかりが強調されるが、本当に価値ある報道は何かという原点に戻ったほうがいい」。そう話すある職員は、デジタル改革の一方で人員削減が進む海外支局の現状を嘆く。

2021年にはウィーンとシンガポール支局が閉鎖、北京やバンコク、モスクワからも人員が削られた。その1年後、ウクライナでの戦争が勃発。国際ニュースや番組の取材にも影響が及んだという。

ネット空間で公共メディアとして何を報じるべきなのか。デジタルシフトが加速するが、その中身は不透明で国民への説明も不十分だ。

（井艸恵美、野中大樹）

営業経費削減で窮地　契約代行業者の苦悩

「これまでの『巡回訪問営業』から『訪問によらない営業』に業務モデルを転換する」――。ＮＨＫは２０２１～２３年度の経営計画で、放送受信料の契約・収納活動を抜本的に構造転換することを明記している。

具体的には外部委託法人などへの委託費の見直しや、訪問要員の削減などを進める。これにより、受信料値下げ後も営業経費率は１０％を下回ることを目指す。

外部への業務委託が完全終了するのは２０２３年9月だ。浮いた経費はインフラやコンテンツへの投資に充てる計画だが、これまでＮＨＫに売り上げを依存してきた企業にとっては死活問題となっている。

受信料の契約・収納代行業務はかつて、ＮＨＫと個人請負契約を結ぶ地域スタッフが主に担ってきた。外部への委託が本格化したのは、市場化テストと呼ばれる制度が始まった後の２００９年からだ。

当時は人材派遣のパソナ、ビジネスアウトソーシングのトランスコスモスなどもＮＨＫ関連の案件を落札していたが、営業人員の確保などコストに見合う収益が得られず撤退している。「引っ越しが増える時期に重点的に人を配置するなど、ある程度の経験がないと大手でも長続きしなかった」と、ＮＨＫ向け業務では最古参のクルーガーグループの幹部は言う。

自治体全域の落札も

他方で一躍頭角を現したのが、ＮＨＫ受信料の契約・収納代行業務を受託する会社として、２０１０年に出発したエヌリンクスだった。埼玉県川越市や所沢市から徐々に委託エリアを広げ、１３年には大阪支店を開設。一時は、ＮＨＫ向けの訪問営業を行う正社員を全国で最大７００人擁した。

「営業マンを全員正社員で雇い、ちゃんとした待遇にしたうえで、研修や教育を施した。地道に成果を上げてきたことが評価された」と栗林圭介副社長は言う。

NHKが委託先のエリアを拡大したことも大きかった。「例えば東京都の武蔵野市や三鷹市など自治体レベルの落札ができると、1件の金額が4億円弱とかなり大きい金額が入る。公募型企画競争と呼ばれるこの入札が収益成長の原動力になった」(栗林副社長)。

公募型企画競争の収入形態は、固定報酬型委託費と成約に伴う成果報酬型委託費の2つ。固定委託費については、落札金額と公示された固定委託費割合(20~30%)で決まり、およそ36カ月の契約期間中に月数で割った金額が毎月振り込まれていたという。

業績を拡大した同社は2018年4月に東証ジャスダック市場(当時)に上場。上場初年度のNHK向けの売り上げは7割に及んだ。

一方で上場後は苦難が続く。2021年度はコロナ禍による訪問活動自粛で営業代行事業の売り上げが急減。新規事業として22年3月に始めたゲームアプリの配信は、課金率が想定を大きく下回ったことなどから開始後わずか4カ月で終了し、運営子会社は同年10月に清算に追い込まれた。

営業代行の人員は削減すると同時に、太陽光パネルの販売やケーブルテレビの契約切り替え推奨業務などに振り向けている。「NHKからの受託ビジネスがずっと続くとは、最初から思っていない。収益源を多角化していくしかない」と栗林副社長は語る。

NHKは訪問によらない営業活動として、ホームページやアプリなどからの申し込みを予定している。だが、足元の受信契約は計画を下回る。一時は共存関係を築いていた委託先を失った後に、何が残るのだろうか。

（二階堂遼馬）

絶対に死守したい受信料収入

「もうテレビ捨てるわ」「絶対に契約しない」。

ネット上でこんな言葉が飛び交ったのは2022年10月、NHKが受信料の値下げを発表したときだった。

NHKは2023年10月から受信料を値下げする。地上波のみ視聴できる地上契約は月額1100円（125円値下げ）、衛星放送も視聴できる衛星契約は月額1950円（220円値下げ）になる。

過去最大の値下げ幅であるにもかかわらず怒りの声が上がったのは、NHKが値下げと同時に、受信料を不正に払わない人には通常の2倍相当の割増金を請求するという強気の姿勢を見せたからだ。

割増金制度は2023年4月からスタートするが、NHKにとっては満足のいく徴収法ではない。なぜならNHKは、総務省の受信料制度のあり方を検討する有識者会議で、テレビ設置者のすべてがNHKに届け出ることを義務づける制度の創設まで求めていたからだ。

企図していたのはそれだけではない。NHKは、受信契約を結んでいない世帯の居住者氏名や引っ越し先の情報などの個人情報を公的機関に照会できるようにする仕組みを導入するよう訴えていた。個人情報への配慮に欠けた要求は有識者会議であえなく却下されたが、もし要求が通っていれば、NHKが未契約者の個人情報を入手する仕組みが築かれていた可能性がある。

NHKが受信料の徴収で強硬なのは、受信料制度の永続性に不安があるからだろう。

公共放送の受信料は見たい人が払うサービス対価ではなく、公共放送機関そのものを維持・運営していくための「特殊な負担金」とされる。テレビを設置しているすべての世帯が負担することで、NHKが全国あまねく、確かな情報を届けるという理屈だ。

だからＮＨＫにとって、スクランブル化（電波を暗号化し、見たい人が有料で解除して見る）などは論外だ。

しかし、テレビ離れが進み人々の生活習慣がネット中心になった昨今、その理屈が今後も通るか。とくにテレビをリアルタイムで見る習慣のない若い世代には納得できるものではない。

動画制作を学ぶ江戸川大学2年の牧野奈々葉さんは「受信料制度の仕組みは理解しているが、まったく見ていないのに毎月必ず２０００円ほど払わされるのは納得がいかない」と語る。牧野さんが普段よく見るのは、ユーチューブやアマゾンプライム・ビデオだ。

動画のサブスクリプション（定額料金制）サービスに慣れ親しんだ世代にとって、受信料制度は使わないのに請求される「強制サブスク」と化しているのだ。

ＮＨＫの受信料収入は２０１８年度の７１２２億円で頭打ちになり、１９年度以降は減少基調にある。

契約件数はピーク時の１９年度末に４２１２万件あったものが、２１年度末には

４１５５万件と５７万件減少した。２２年度は上半期だけで契約件数が当初想定の４倍以上の約２０万件減少した。減少スピードが加速している。

１月１０日に公表した経営計画（修正版）で、ＮＨＫは２３年度の受信料収入を計画当初の６６９０億円から６２４０億円へと４５０億円も下方修正した。

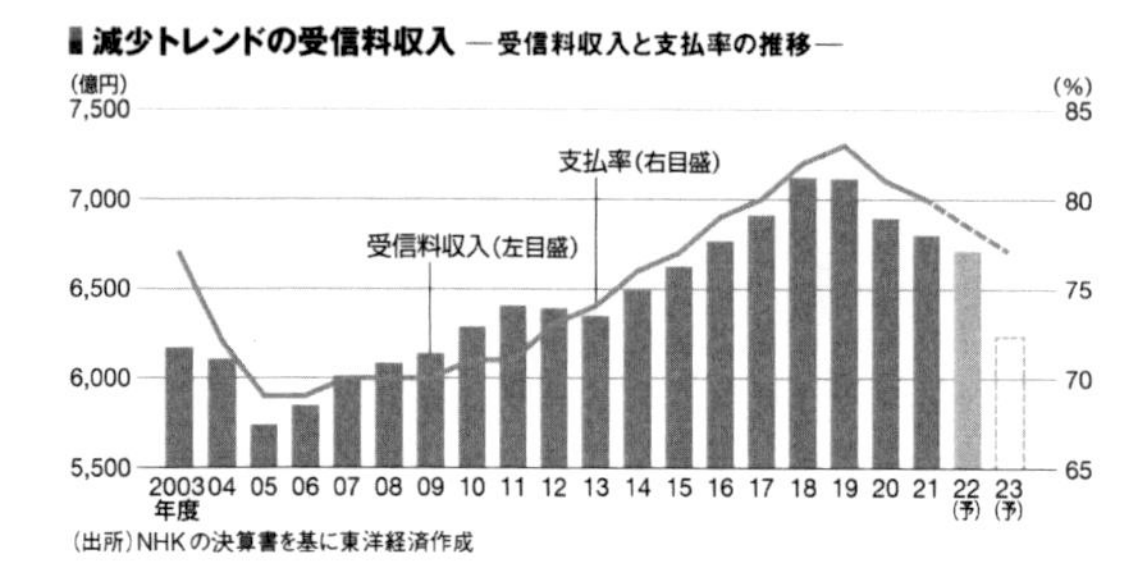
減少トレンドの受信料収入 ―受信料収入と支払率の推移―
(億円)
7,500
7,000
6,500
6,000
5,500
(%)
85
80
75
70
65
支払率(右目盛)
受信料収入(左目盛)
2003 04 05 06 07 08 09 10 11 12 13 14 15 16 17 18 19 20 21 22 23
年度
(予) (予)
(出所)NHKの決算書を基に東洋経済作成

取材情報に頼る議員

時代に合わなくなった受信料制度が維持されるのは、ＮＨＫと政治が長年培ってきた共存関係によるところが大きい。持ちつ持たれつの関係の中で、制度は温存されてきた。

ＮＨＫは政府から独立した機関であるにもかかわらず、予算と人事を実質的に政府に握られている。予算は毎年国会の承認が必要で、１〜３月の予算審議の時期になると、ＮＨＫの幹部らが与野党の国会議員の元へ説明に回る。予算案に同意してもらうためだ。国民からの広い支持を装うため、与野党どちらからも同意を取り付けることが重要な事柄だ。

予算だけではない。ＮＨＫの経営委員（１２人）は、国会の承認を得て内閣総理大臣が任命する。会長は経営委員会が選出する仕組みだ。しかし当時の安倍晋三政権では、首相に近しい人間が経営委員に相次いで選ばれた。

元経営委員の上村達男・早稲田大学名誉教授は、「経営委員は本来、与野党の同意を得て選出されるのが慣例だ。こうした国会同意人事は政府任命人事とは異なる。政府から独立した機関の人事だからだ。それを政府は区別できないでいる」と指摘する。

予算が審議される時期にＮＨＫ内ではびこるのが、政治、とりわけ政権与党への忖度だ。「この時期に政権批判はまずい」「おとなしくしていてくれ」といった声が現場に下りてくることがあると、複数の職員が証言する。

安倍官房副長官（当時）がＮＨＫの国会担当理事を呼び出し、戦時性暴力を扱ったＥＴＶ番組に苦言を呈し、番組改編が起きたのは、２００１年の１月、予算審議が始まろうとしているときだった。

もう１つ、国会議員とＮＨＫが親密になる最大のイベントが選挙だ。ＮＨＫの報道にとって選挙は災害と並ぶ２大ミッション。大量の人員と予算を割き、どのメディアよりも選挙報道に血眼になる。

開票日、ＮＨＫが当選確実を出すまで候補者は万歳三唱しないことが不文律になっているほど、国会議員はＮＨＫの情報を信頼している。日頃から、ＮＨＫ政治部記者と選挙情報をやり取りしている国会議員も少なくないとされる。

ＮＨＫの理事や政治部記者が国会議員に良質な情報を提供するために、現場の記者たちは血眼になって取材に奔走しなければならない。ＮＨＫでは２０１３年に３１歳の記者が、２０１９年には４０代の管理職が過労死した。亡くなったのは、いずれも選挙取材の後だった。

「当確を民放より1分でも早く打つためだけに、いったいどれだけの負荷を現場にかけるのか。過労死した2人の教訓はどこへ行ったのか」。３０代記者はそう憤る。だが国会議員との良好な関係を維持していくため、現場記者たちの膨大な業務は続く。

政治サイドの理解を得ながらＮＨＫが近年力を入れてきたのが、受信料制度の補強だ。

■受信料制度が温存される負のスパイラル

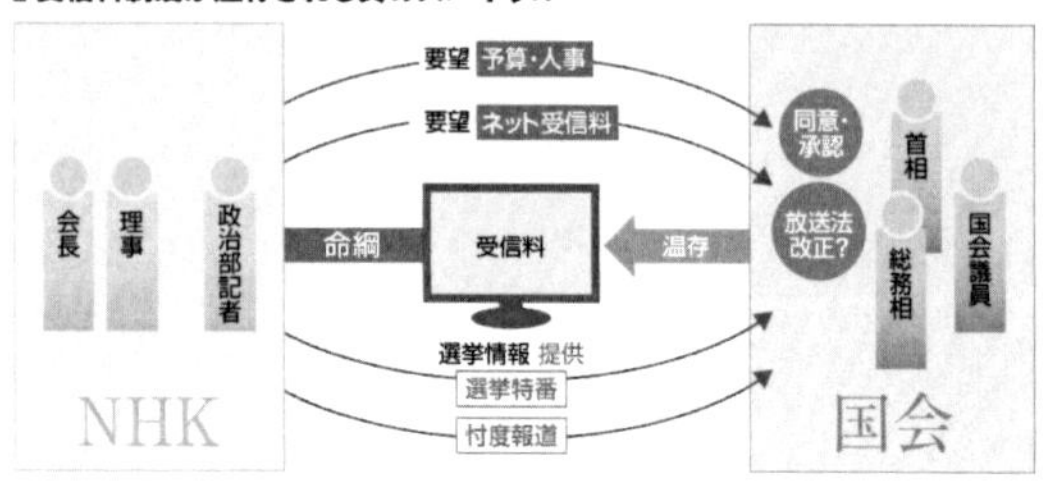

補強される受信料の目的

２０２２年6月、総務省はローカル局を含む民放とＮＨＫが放送インフラを共用できる仕組みをつくる方針を示した。これを受け、ＮＨＫの受信料がＮＨＫの放送事業だけではなく全国の放送網維持のために使われることになった。

地域人口減少が著しいローカル局の経営は厳しい。総務省によると、在京キー局や在阪準キー局を除いたローカル局（ラジオ局含む）全体の営業利益は２０１５年に７２４億円だったが、２０年には１７０億円にまで落ち込んだ。２１年には４９５億円まで持ち直したもののジリ貧の状況は変わらない。

ＮＨＫも２０２２年秋、他メディアとの連携に７００億円を投じると発表。ＮＨＫの業務肥大化に批判的だった民放連も、背に腹は代えられぬ形でＮＨＫの支援を受ける。受信料はＮＨＫだけのものではなくなった。

さらに受信料を国内の民放、ネット業者に広く使おうという動きも顕在化している。ＮＨＫに日本の動画コンテンツ産業をリードする役を担わせようとするものだ。

ネットフリックスやアマゾンプライムなど外資系動画コンテンツ企業の影響力が強まり、これまでグローバル競争とは無縁だったテレビが国際競争に巻き込まれている。総務省の公共放送ワーキンググループ（WG）委員である、青山学院大学の内山隆教授（経済学）は「受信料をわが国の放送業界とネット映像配信業界の投資と公益のために使えるようにするべきだ。NHKがこうした業界を引っ張っていけるよう、受信料制度を変えていく発想が必要ではないか」と話す。

受信料制度をめぐる現在の最大の論点がネット受信料だ。NHKのネット事業を「補完業務」から「本来業務」へと格上げするための議論が総務省で進む。受信料収入が6000億円を割り込むのが時間の問題となる中、NHKはテレビ放送を見ない人からも受信料を徴収できる仕組みを築きたい。ネットが本業化された場合、どのような形で受信料を徴収するのか。NHKは「ネットに接続できるというだけで、スマートフォンやパソコンから受信料を徴収することは現時点では考えていない」とする。

すべてのスマホ保有者から徴収する案は、公共放送WGでは否定的な声が相次いだため実現の可能性は低い。だが、WGではアプリをインストールした人から徴収する案や国民全員から徴収する案なども提示された。どの案になるにせよ、受信料制度そのものは強化されることになる。

ただし疑問は拭えない。NHKが国民からの受信料を財源にするのは、政治権力や資本など特定勢力におもねらない放送をするためだ。だが、この「独立性」という建前を信じている人がどれだけいるのか。

元NHK政治部記者である立憲民主党の安住淳・国会対策委員長は、予算審議の時期にNHKの理事や幹部が政治の側に気を使うのは「当然」としつつ、「それでも毅然として放送できなければ公共放送とはいえない」と指摘する。

「NHKの『日曜討論』には各党の政調会長や幹事長が招かれることが多いが、国対委員長が招かれることはほぼない。自民党の国対が出演に消極的であることをNHKが忖度しているからだ」

安倍政権以降、自民党は国対委員長が日曜討論に出ることを渋るようになり、NHKはそれを受け入れてきた。結果として国対委員長の討論は実施されないままだ。

受信料値下げもしかり。NHKが値下げを公表したのは2021年1月、菅義偉首相（当時）が施政方針演説で「月額で1割を超える思い切った引き下げ」に言及した直後のことだった。前田晃伸会長は値下げを「衛星契約のみ」にとどめようとしたが、武田良太総務相（当時）や総務相経験者が主張する「地上（波）も値下げで」で、一気に押し切られてしまった。

経営の根本に関わる受信料の額まで政治の意向に従うNHKが、独立した公共メディアといえるだろうか。

「ビジネス」化する受信料

NHKが2022年度下期から強調する営業活動の方針は「共感・納得」だ。受信料制度を「強制サブスク」と感じる人に対し、受信料の本来の目的をいかに説得するかが、制度維持には欠かせない。

しかし、公共メディアとして今後何をし、何をしないのか。維持していくにはいくら必要なのか。そういった根本的な説明をＮＨＫ自身が避けてきた。

５０代のベテランディレクターは「公共の範囲はどこまでか、受信料はなぜ必要なのかといったＮＨＫの根本に関わる話を、ＮＨＫはあえて説明しない戦略を取ってきたように思える」と言う。

説明せずとも、政府や与党政治家の意向にさえ逆らわなければネット受信料という新たな収益源を入手できる――。もしＮＨＫがそう考えているのだとしたら、もはやそれは公共放送と呼べず、単なる「受信料ビジネス」でしかないだろう。

（野中大樹、井艸恵美）

「政権与党が方針を決めるのは当然だ」

元総務相・武田良太

菅義偉内閣当時の総務相として受信料値下げを進めた武田良太・衆院議員。値下げの経緯や政治介入の問題について聞いた。

――値下げに至った経緯は?

総務相に就任したとき、受信料制度について国民から不平不満の声が多く寄せられた。国民負担を軽減し、コロナ禍で落ち込んだ経済を活性化させるという戦略があった。その一環が受信料の値下げだ。

NHKは剰余金が2000億円以上ある。それをなぜ国民に還元しないのか。剰余金を受信料の値下げの原資に使えるよう、放送法の改正に踏み切ることにした。菅総理は施政方針演説の中に受信料の1割超値下げを盛り込み、私の大臣所信表明でも示した。

だが放送法改正はわれわれの独断で進めたわけではない。事前に前田晃伸会長も受信料値下げに同意してのことだ。

――前田会長は衛星契約のみを値下げしようとしていました。政府と食い違っていた？

受信料は地上波も含むのが常識だ。22年6月に放送法改正が国会を通った後、衛星契約のみの値下げにすり替えてきた。

参院選公約にも示した国民との約束を公共放送自らが破るのは言語道断だ。われわれが厳しく指摘し、地上波契約も含む値下げに戻した。

――経営委員会の委員に官邸に近い人を送り込んでいるという批判もあります。

実態を知らない人の臆測だ。野党も同意する人選をしている。経営委員は政府の責任で就いてもらうから、おのずと政府側の人間と呼ばれる。

安全保障を考えて守る

――ＮＨＫへの政治家による介入はないのでしょうか。

政治家が介入することはほぼない。ＮＨＫ内部の問題だ。派閥争いが激しく、例えば政治部が力を持つと、ほかの派閥は政治部が悪いと考える。何か問題があると、政治介入があったと外に流すのだ。

ＮＨＫのチェック機関は国会であり、国会が影響力を持つ。選挙で支持を得た政権が政府組織を構成している。政府系の人が影響力を持つのは当たり前のことだ。

――ネット業界に本格参入することに民放からは民業圧迫との声が上がっています。

今はネットフリックスやアマゾンといった外の敵を見て対策を考えるべきだ。内なる闘争をしている暇はない。

テレビのリモコンボタンにネットフリックスが入り、若い人ばかりでなく高齢の視聴者も奪われている。新時代に合った公共放送を築き上げるべきだ。公共放送は国家安全保障を考えて守っていかなければならない。

（聞き手・野中大樹、井艸恵美）

武田良太（たけだ・りょうた）

1968年生まれ。2003年に衆院初当選。防衛副大臣、国家公安委員会委員長などを歴任。2020年9月から約1年間、菅内閣で総務相。

NHK受信料　私はこう考える

「NHKのお客様は視聴者　政治家をお客様だと勘違いしていたら見放される」

ジャーナリスト／元NHK記者・相澤冬樹

私は森友事件の取材中に記者を外され退職することになったが、NHKには「育ててもらった」という思いがある。先輩に教わり同僚に刺激を受け他社と競い合う中で記者のありようを学び、鍛えられた。

ネットの時代となり、放送や新聞は消えてゆく。では、効率優先でPV数や経営者の思惑により内容が左右されがちなネットメディアに公共が担えるか。プロの記者は育つのか。

これまでプロの記者を育ててきたのは新聞とNHKだった。だから私はNHKをなくしてはならないと思う。日本の報道と映像制作の根幹を維持する組織としてNHKは今後も必要だ。問題は、この考えを普通の国民が理解してくれるかどうかだ。

今のままでは理解してもらえない。お客様のほうを向いて仕事をしていないからだ。NHKのお客様は受信料を払ってくれている視聴者。なのに、政治家をお客様だと勘違いしている。

受信料の額をどうするかは経営の根幹に関わる話なのだから、本来、内部で必要な額を精査して決めるのが筋。だが今回の「値下げ」も政治の意向で決まった。もし私が会長だったら「何で経営の現場を知らない政治家の意向で決められなきゃいけないんだ」と思うだろう。

政権を怒らせなければ組織は維持できるなどとNHKが考えているとしたら、国民からしっぺ返しを食らうはずだ。

相澤冬樹（あいざわ・ふゆき）
1962年生まれ　NHK記者時代に森友事件に肉薄。著書に『メディアの闇「安倍官邸vs.NHK」森友取材全真相』。

「公共メディア料としてネットインフラを支えるシステムに進化させるべき」

メディア コンサルタント・境　治

日本は放送と通信の融合を先送りにしてきたが、ようやく２０２０年に同時配信が始まった。ＮＨＫは公共放送から「公共メディア」に転換しようとしている。だが、ネット中心の情報空間中でＮＨＫがどのような姿を目指すのか、その実態がいまだによく見えていない。

ネット利用者にとっての公共メディアの役割は何か。どのような受信料の仕組みにするのか。新会長に就任する稲葉延雄氏は難しいパズルに直面することになる。その難題を解くためには、ＮＨＫで働く職員たちも内側から声を上げ、内部で答えを出す努力が必要だ。さらに視聴者を巻き込んだオープンな議論にすることこそ、ＮＨＫが生き残るうえでの活路となるだろう。

新聞や民放など民間メディアも巻き込むべきだ。民放もこれまで以上に公共性を考えねばならない。ＡＢＥＭＡもサッカーワールドカップの配信では公共性を示せたのではないか。民放はこれまで民業圧迫と言ってＮＨＫの足を引っ張ってきたが、ローカル局の経営難は深刻だ。

受信料を「公共メディア料」に切り替え、ＮＨＫだけでなく民放や新聞、ネット専業メディアも含めたネットインフラを支えるシステムに進化させる。そうした議論をする時だろう。一部から猛反発を受けるだろうが、無秩序なネット情報の中でまっとうな言論空間を構築するのが公共メディアとしての責任だ。

境　治（さかい・おさむ）
1962年生まれ。有料マガジン『MediaBorder』発行人。著書に『拡張するテレビ』、『爆発的ヒットは〝想い〟から生まれる』など。

「ネット受信料の対象はアプリを導入した人が最も現実的」

京都大学教授（憲法・情報法）・曽我部真裕

ＮＨＫのインターネット配信が本業になった場合、受信料徴収のあり方はどうなるのか。ネット受信料は、①ラジオのように無料にする、②アプリをインストールした人、③端末所有者、④すべての国民が支払う、といった選択肢がある。

本来の受信料は放送の対価ではなく公共放送機関そのものを支える国民負担だが、実際はテレビ受信機の有無も加味した制度になっている。国民の理解を得やすいのは、②のアプリ導入者だろう。

ネット空間の中で公共メディアとしての役割をどこまで果たせるのかも重要だ。総務省は公共の役割として情報空間での「インフォメーション・ヘルス」の確保を強調する。偽情報が飛び交うネット空間で信頼性の高い情報を発信することで「情報の健康」を保つという考えだ。

しかし、ネット情報は「見たいものを見る」が大前提だ。ネット上で存在感を示せれば解毒剤的な役割になる可能性はあるが、NHKの情報発信がネット空間を劇的に向上させるというのは過大な期待だ。

規制のないネット空間では、信頼性の低い記事も高い記事も同列に扱われる。NHKだけでは公共の役割を果たすには不十分だ。メディアの多元性を考えるうえでは、存続の危機にある新聞などの主要メディアを維持するための政策も打ち出すことが必要だ。

曽我部真裕（そがべ・まさひろ）
1974年生まれ。総務省の「デジタル時代における放送制度の在り方に関する検討会・公共放送ワーキンググループ」委員。

「公共性という体のいい言葉に視聴者はそろそろ怒ったほうがいい」

InFact（インファクト）編集長／元NHK記者・立岩陽一郎

受信料制度は、NHKに希少価値があり、民放との力の差が圧倒的だった時代には成立していた。しかし、今はその希少性が薄れている。世論に訴えるよりも、政治家の力を使ってネット時代でも受信料制度を維持しようという姿勢だ。

NHKの国民への影響力は薄れているが、政治家にとっては国会中継や選挙報道などにNHKの存在価値が残っている。一日経ったら結果が出る選挙の開票速報に記者を総動員する選挙報道は意味があるのか。取材で得た選挙情報を政治家に伝えることが国会対応の武器にも使われている。

1997～2005年に会長を務めた海老沢勝二氏の時代に政治との癒着ともいえる状態が問題になり、海老沢氏退任後は経営委員会の機能が強化された。しかし、首相の選んだ委員が政府に都合のよい会長を任命するという流れができ、結果的に政治の介入が強まってしまった。制度を変えても意味がなかったのだ。

政治家を懐柔できても、国民はＮＨＫ維持のためにお金を支払うことに納得しないだろう。過労死した佐戸未和さんについても報告書すら作成していない。自己批判して検証する姿勢こそが本当の公共性だ。それをせずに受信料を維持することが公共性だと体のいい言葉に言い換えて乗り切ろうとしている。視聴者はそろそろ怒ったほうがいい。

立岩陽一郎（たていわ・よういちろう）
１９６７年生まれ。ＮＨＫ入局後、社会部記者、テヘラン特派員などを経て独立。『ＮＨＫ記者がＮＨＫを取材した』（電子）など著書多数。

【膨張するＮＨＫ】財務から見た巨大放送局

金融資産が急膨張　まるで投資ファンド

ジャーナリスト・伊藤　歩

ＮＨＫの「貯め込み」が加速している。

２０２２年９月末時点のＮＨＫの連結剰余金残高は５１３５億円。営利を目的としない特殊法人でこの数字というだけでも貯め込みすぎの観があるが、それより注視すべきは８６７４億円もの金融資産残高だ。剰余金残高の１・７倍近くに上る。

受信料収入は２０１８年度（１９年３月期）に過去最高の７２３５億円を計上したが、営業スタッフによる戸別訪問を段階的に廃止した影響で、２１年度の受信料収入は６８９６億円へと約３４０億円減った。

にもかかわらず一般事業会社の連結営業キャッシュフロー（ＣＦ）に該当する連結事業ＣＦは、２０１９年度から２１年度までの３年間の累計で３６９６億円となり、

18年度までの平均的な金額である年間1200億円前後を維持した。21年度の事業CFは1056億円で、前年度に比べ約380億円の急減となった。

だがこれは、東京オリンピック・パラリンピック関連の放送費用（放送権料以外）180億円と、五輪など国際催事放送の放送権料80億円の計260億円を払ったうえでのことで、これらがなければ19〜21年度の事業CFの累計は3956億円にもなる。


NHKがCF計算書の開示を開始したのは2008年度から。多少のばらつきはあるが、特別な事情で多額の資金流出があった年度を除けば、毎年1000億円を超える事業CFを生んできた。

そしてその半分強が設備投資などに回り、残りは余資となり国債など公共債での運用に回されてきた。その結果として積み上がったのが、7360億円もの有価証券である。これに現預金を加えた金融資産の残高が、冒頭で紹介した数字になる。金融資産は総資産の6割を占めており、このほかに保有不動産の含み益が136億円ある。まるで資産運用をなりわいとしているファンドのようなバランスシートだ。

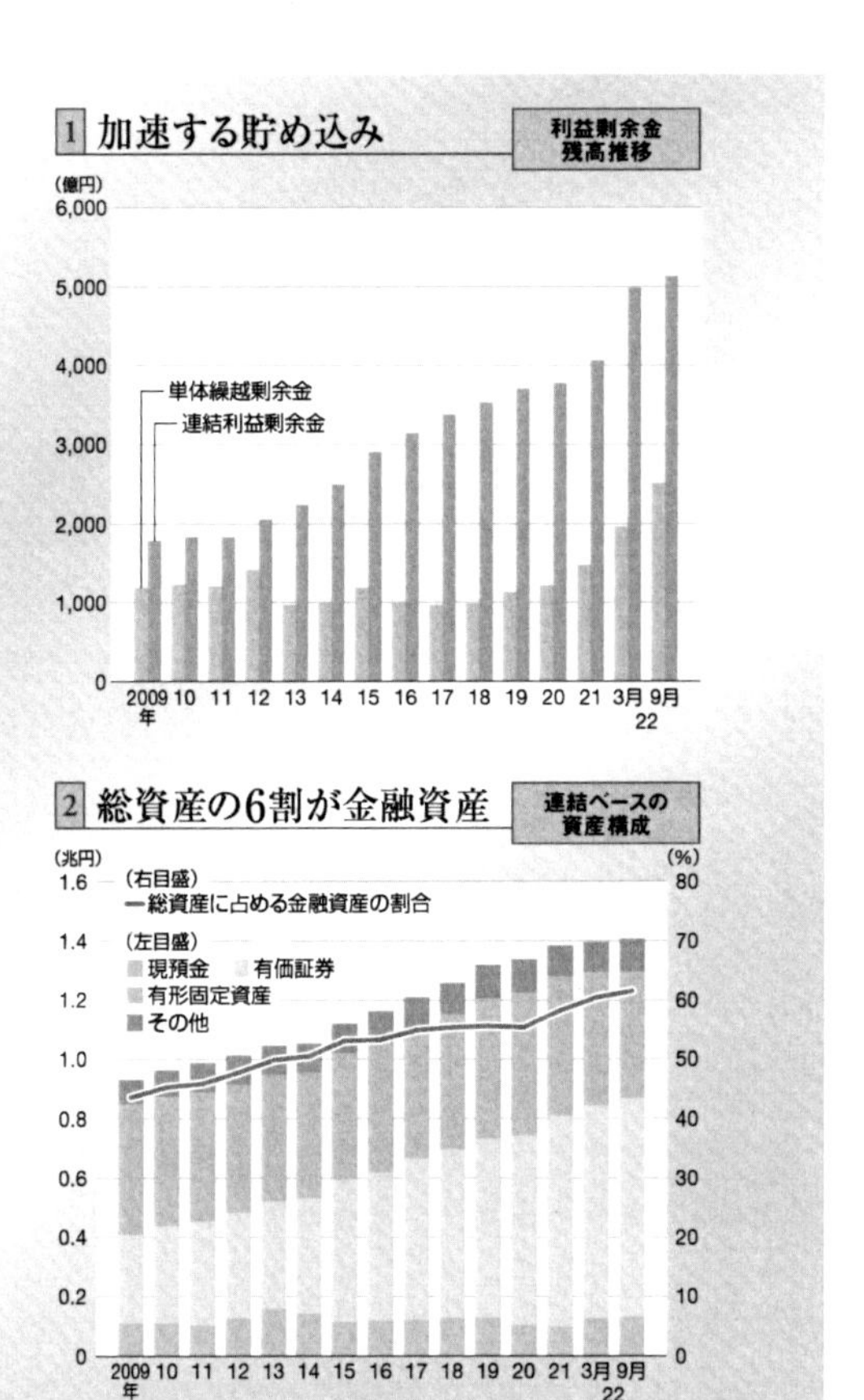
1 加速する貯め込み
利益剰余金
残高推移
(億円)
6,000
5,000
4,000
3,000
2,000
1,000
0
単体繰越剰余金
連結利益剰余金
2009年 10 11 12 13 14 15 16 17 18 19 20 21 3月 9月 22
2 総資産の6割が金融資産
連結ベースの
資産構成
(兆円)
1.6
1.4
1.2
1.0
0.8
0.6
0.4
0.2
0
(%)
80
70
60
50
40
30
20
10
0
(右目盛)
総資産に占める金融資産の割合
(左目盛)
現預金
有価証券
有形固定資産
その他
2009年 10 11 12 13 14 15 16 17 18 19 20 21 3月 9月 22
(注)3月期 (出所)NHK

番組制作費は大幅減

なぜこんな芸当が可能なのか。第1に、収入が減ってもそれ以上に支出を抑え、しっかり利益を稼いでいるからだ。その利益はどう生み出されているのか。18年度と21年度の連結決算で比較してみよう。

2021年度の経常事業収入は7508億円。3年前と比べると6・2%減少した。これはNHK単体での受信料収入が約339億円減ったことが主因だ。

一方21年度の経常事業支出は7057億円で3年前と比べ8・5%減少した。収入は6・2%しか減っていないのに、支出は8・5%減ったのだから、21年度の経常事業収支差金（営業利益）は18年度比で50%以上も増えた。

支出減の主因は連結放送事業運営費が481億円減ったことにある。連結放送事業運営費の内訳は開示がなく、具体的に何が減ったのかは不明なので、内訳開示がある単体にヒントを求めてみる。単体の国内放送費、国際放送費、番組配信費の合計額は、3年前比で382億円減っている。内訳は、番組配信費が125億円増えた一方で、国内放送の番組費が461億円減っている。

これら放送関連の費用以外では、契約収納費つまり受信料の徴収にかかる費用が158億円減ったのに、人件費は28億円増えている。

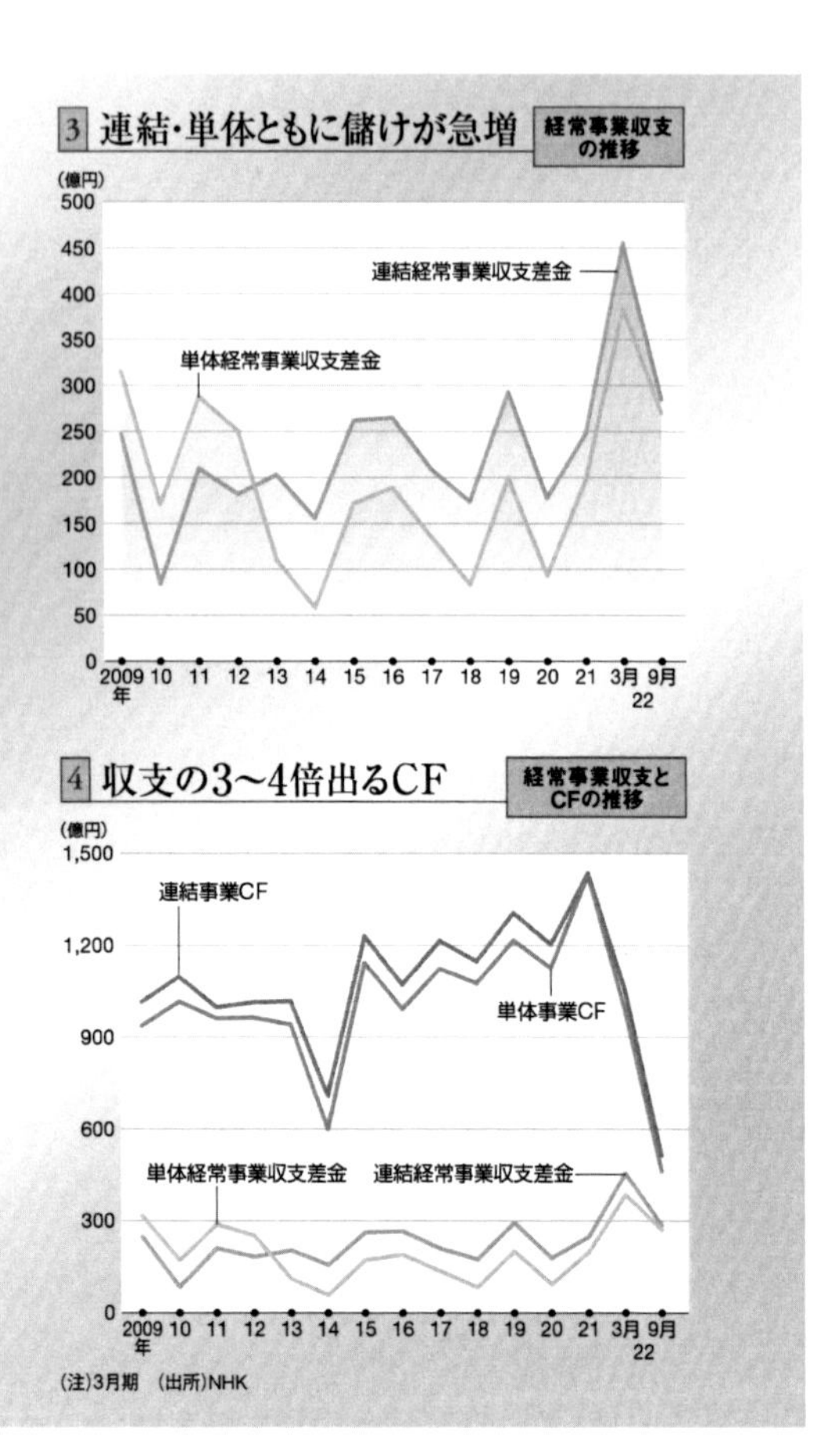
3 連結・単体ともに儲けが急増
経常事業収支の推移
(億円)
500
450
400
350
300
250
200
150
100
50
0
連結経常事業収支差金
単体経常事業収支差金
2009年 10 11 12 13 14 15 16 17 18 19 20 21 3月 9月
22
4 収支の3〜4倍出るCF
経常事業収支とCFの推移
(億円)
1,500
1,200
900
600
300
0
連結事業CF
単体事業CF
単体経常事業収支差金
連結経常事業収支差金
2009年 10 11 12 13 14 15 16 17 18 19 20 21 3月 9月
22
(注)3月期 (出所)NHK

この10年ほど、NHKの番組では、番組の最後に流れる制作者の表示に、NHKの子会社や外部の制作プロダクションの名前が頻繁に登場するようになっている。

良質な番組制作に外部の力を借りること自体は批判の対象になる話ではないが、NHKは番組制作予算が減った分を、外部の制作会社にシワ寄せしていないと言い切れるのだろうか。

NHKは「外部の制作会社には適正な対価を支払っている」と胸を張るが、外部のディレクターからは「出張ロケの現場では、NHK本体の人たちは宿代はじめ費用はすべてNHK持ちなのに、制作するフリーランスは自分が知る限り、基本自腹。宿代や移動費を払える資力がないフリーランスは出張ロケにすら参加できない」という声が出ている。

第2に、先に述べたように事業収支と事業CFの乖離が大きいことだ。減価償却費は年々増加傾向にある。21年度の連結の減価償却費は858億円。この分がキャッシュアウトを伴わない事業費用に計上されており、事業収支の何倍ものCFが手元に残るのである。

税金の負担がないうまみ

そして何よりもＮＨＫ本体は法人税負担がない。一般事業会社の税金等調整前当期純利益に当たる税金等調整前事業収支差金は、連結で４７８億円だ。

このくらいの税前利益があると、一般事業会社なら１４０億～１５０億円前後の税負担になるが、ＮＨＫの税負担は単体ではゼロ、連結でもわずか２５億円。納税義務を負っているのは株式会社形態の子会社だけだからだ。

世の中で非課税の扱いを受けている公益法人でも、収益事業を営めばその分は課税対象になる。ＮＨＫ本体は収益事業を営めないため、子会社の株式会社群で収益事業を営み、ＮＨＫ本体の放送事業はすべて公益事業ということになっている。ドラマもバラエティー番組も、ＮＨＫが放送すれば公益事業で民放が放送すれば収益事業というのが、現行法の立て付けだ。

自助努力で収入を確保しなければならない民放とは異なり、ＮＨＫは収入を法律によって守られ、番組制作に莫大な費用を投入し、なおかつ毎年、数百億円規模の余剰資金を生み続け、貯め込み続けても課税されない。これほどの利益を生んでもなお、ＮＨＫを非課税扱いし続ける現行の法律に、根本的な矛盾を感じざるをえない。

ＮＨＫが視聴率、それも民放同様に若年層の視聴率を気にする理由も不可解だ。民放はスポンサーがその年齢層をターゲットにしたＣＭを流したいから、番組制作もその年齢層の視聴率を意識しなければならない。

だがスポンサーの要望に縛られることのないＮＨＫが、若年層の視聴率にこだわるのは、番組への支持率をＮＨＫそのものへの支持率にすり替えることを目的に、手っ取り早く数値化できる視聴率に安易に飛びついているだけなのではないのか。もしそうなら、ＮＨＫは自身の使命を完全に見誤っているというほかない。

経済界出身会長の意図

ＮＨＫは東京・渋谷の放送センターの建て替え計画を持つ。２０２１年に着工し、

36年に全体の完成を目指している。この建て替えのために17年3月期に総工費と同額の1700億円の積み立てが完了。着工によって一部が取り崩され、22年9月末時点で1693億円となっている。

建て替えの積立金以外に、その4倍に当たる6981億円も貯め込んでいるわけで、いったい何のために、放送センターをあと4回も建て替えられるほど貯め込まねばならないのか、理解に苦しむ。

NHKは2023年度に約700億円を原資に受信料を値下げする。700億円という金額は年間の受信料の1割に該当するが、連結事業収支差金のわずか1年半分、連結剰余金残高の13%程度、連結金融資産残高の8%程度でしかない。

長年貯め込んだものを吐き出せば受信料はもっと下げられるのに、そんな気は毛頭ないことがわかる。

2022年6月の放送法改正で受信料の不払い世帯に対しては割増金も徴収できるようになった。公平性確保を盾に、毎年多額の余資を生んでいる実情には頬かむりしたまま、受信料は申し訳程度にしか下げない。

受信料は番組の視聴料ではなく、公共財たるＮＨＫを支えるための国民負担だからと、衛星放送のスクランブル化すら拒絶する。それなのに、なぜかその受信料で制作した番組のアーカイブ視聴は受益者負担とし、受信料の負担者に無償もしくは安価に開放するということもしない。

２０２３年、ＮＨＫの会長は、みずほフィナンシャルグループ元会長の前田晃伸氏が退任し、日銀元理事でリコー経済社会研究所の元所長、稲葉延雄氏が就く。

２００８年以降、会長職には福地茂雄氏（アサヒビール元会長）、松本正之氏（ＪＲ東海元社長）、籾井勝人氏（三井物産元副社長）、上田良一氏（三菱商事元副社長）、前田氏と、外部からの登用が続いた。

いずれも経済界出身であるとともに、ＮＨＫ改革を政治課題と位置づけた官邸が、自ら人事権を行使して送り込んだ会長たちである。

民間企業は自力で収益を稼いで税金も払うが、ＮＨＫは収入を法で保証され税金も払わず、ますます貯め込みを加速している。

それはＮＨＫをコントロールしたい官邸との駆け引きの結果であることに、国民はいいかげん気づくべきだろう。

伊藤　歩（いとう・あゆみ）
１９６２年生まれ。ノンバンク、外資系銀行、信用調査機関を経て独立。主著に『ＴＯＢ阻止完全対策マニュアル』『優良中古マンション　不都合な真実』『最新　弁護士業界大研究』など。

ネット配信事業の強化で民間サービスとの熾烈な戦い

今は「任意業務」のインターネット活用業務を「本来業務」に引き上げることが議論されているＮＨＫ。次期会長の稲葉延雄氏は２０２２年１２月の会見で、「デジタル化のうねりの中で多くの企業が経営を翻弄されており、ＮＨＫもまったく例外ではない。生き残りを懸けた努力がまさに問われている」と述べた。国内テレビ局では抜きんでた存在感があるＮＨＫだが、ネットで成功するとは限らない。

ネットとテレビ両方の統計データを取るインテージによれば、ネットに接続するスマートテレビの家庭内保有比率は、２０２２年４月時点で３８・９％と右肩上がりに増えている。「高齢の視聴者が多いＮＨＫでも、地上波の利用減少は避けられないトレンド」（インテージ・メディアと生活研究センターの林田涼氏）だという。

ＮＨＫが手がける動画配信サービスは主に2つだ。

常時同時配信／1週間の見逃し配信サービス「ＮＨＫプラス」と、見逃し／オンデマンド配信サービス「ＮＨＫオンデマンド」。「ＮＨＫワールドＪＡＰＡＮ」や「ＮＨＫワールド・プレミアム」もあるが、前述の2つに比べて規模は大きくない。

ＮＨＫプラスは有料業務であるＮＨＫオンデマンドとは違い、受信料財源業務として位置づけられる。そのため、受信料が主要財源であるＮＨＫとしては、是が非でも伸ばしていきたい分野だ。

2023年度予算におけるインターネット活用業務の費用配分はＮＨＫプラスをはじめとする「常時同時配信等業務」が3割を超え、個別の項目では最も比重が高いとみられる。23年度のＮＨＫプラスでは平日午後6時台の地域向けニュース番組の配信を拡充し、すべての放送局の番組を提供する方針だ。

総務省が認めるインターネット活用業務における費用上限は現在、年間200億円となっているが、この制限が外れればＮＨＫプラスへの投資にアクセルを踏む可能性が高い。

では、ＮＨＫプラスを中心としたネット配信ビジネスの市場環境はどうなっているのか。

次図のとおり、ＮＨＫプラスが主戦場とするリアルタイム配信において、ＮＨＫとの競合が予想される動画配信サービスとその個別領域は多岐にわたる。

勢いがあるのは、ともに広告付きの無料動画配信サービスである「ＴＶｅｒ（ティーバー）」と「ＡＢＥＭＡ（アベマ）」だ。

在京民放キー局5社などが共同出資するＴＶｅｒは、２２年１２月時点の月間ユニークブラウザー数が２５００万人を超える。強みは約６００ある豊富な番組数だ。参加する放送局は１１５に及ぶ。

リアルタイム配信で民間と激突

主要な動画配信サービスの特徴とNHKとの競合関係

サービス名（運営会社）	NHKプラス（NHK）	TVer（TVer）	ABEMA（AbemaTV）	WOWOWオンデマンド（WOWOW）	SPOOX（スカパーJSAT）
サービス開始時期	2020年4月	15年10月	16年4月	21年1月	21年10月
提供料金	無料	無料	プレミアム：月額960円、リアルタイム配信は無料	月額2530円	月額220〜2480円
ニュース	継続的にニュース番組を配信	TV報道番組をリアルタイム配信・見逃し配信	独自のニュース番組を制作	なし	海外のニュース番組を配信
スポーツ	野球・サッカーなど幅広く配信	野球・サッカーなど配信、オリンピックも	野球・サッカー・相撲など幅広く配信	サッカー・テニス・ゴルフなど配信	野球・サッカーなど配信
ドラマ	連続テレビ小説や大河ドラマなど	テレビドラマをリアルタイム配信・見逃し配信	若者向けドラマを中心に制作	BS放送ドラマを配信	BS放送ドラマを配信
バラエティー	教養番組を中心に配信	バラエティー番組をリアルタイム配信・見逃し配信	若者向け恋愛バラエティー番組を中心に配信	音楽関連のオリジナル番組配信	トークバラエティーなどオリジナル番組配信

（注）赤色の強調はNHKとの競合が予想される部分。TVerは民放キー局が共同出資。SPOOXの提供料金はプランによって異なる

（出所）各社の資料や取材を基に東洋経済作成

蜷川新治郎・取締役COO（最高執行責任者）は「ユーチューブのような個人投稿型のメディアを除けば、TVerはアマゾンプライム・ビデオやネットフリックスをも上回るコンテンツ数を取りそろえている」と話す。

2022年4月からは民放5系列そろってのリアルタイム配信を開始し、同年12月からはTVerオリジナル番組も制作・配信する。ビデオリサーチの調査によれば、TVerのジャンル別再生割合は60％以上をドラマが占め、バラエティーが30％近くある。

「NHKは報道や教育系が圧倒的に強いが、エンターテインメントでは民放も負けない。むしろNHKと相互送客をすることで、TVerの価値をさらに高めることも考えられる」と蜷川氏は話す。

FIFAワールドカップカタール2022の放映権獲得で知名度を上げたABEMAは、独自のニュース番組やドラマの制作が特徴だ。運営会社のAbema TVにはサイバーエージェントが55・2％、テレビ朝日が36・8％出資する。「恋愛リアリティーのような若者向けコンテンツが強みで、ネット企業ならではのコンテンツにこだわっている。正直NHKのネット参入は脅威とはまったく感じていない」（サイバーエージェント関係者)。

ＡＢＥＭＡと連動した周辺事業の収益化も進んでいる。競輪のネット投票サービス「ウィンチケット(WINTICKET)」の22年度第4四半期取扱高は前年同期比1・7倍の779億円となった。リアルタイム配信ならではのコンテンツ活用でＮＨＫを含めた競合の一歩先を行く。

これまではテレビ媒体が中心だったＷＯＷＯＷやスカパーＪＳＡＴといった有料放送事業者も、ネットでの配信サービスを強化している。

スカパーは2011年から有料配信サービスを運営してきたが、既存の有料放送サービスを未契約でも利用できるようにするため、2021年に「スプークス(SPOOX)」としてリニューアルした。スポーツやエンタメなどさまざまなジャンルをそろえ、好きなジャンルに合わせてプランを決定できる料金体系となっている。

ＷＯＷＯＷも21年1月にリアルタイム・オンデマンド視聴が可能な「ＷＯＷＯＷオンデマンド」をスタート。22年7月には全体デザインを一新し、ダウンロード機能などを追加した。

スカパーはプロ野球、ＷＯＷＯＷはサッカー・テニスの中継が人気コンテンツだ。

地上波と衛星放送では放映権のすみ分けがあるが、ネット配信にその境目はない。近年はスポーツの放映権料高騰が話題となっており、NHKと投資競争になる可能性もありそうだ。

これらのリアルタイム配信を行う4社は、程度の差こそあれNHKとの正面衝突が予想される。

警戒強める民放

ただし、ネットフリックスやアマゾンプライム・ビデオのようにオンデマンド配信が中心のサービスは必ずしも競合関係にはない。例えばNHKはNHKオンデマンドのサービスをアマゾンやU-NEXTでも提供しており、ネットフリックスでもいくつかの作品を見られる。「競合というよりは広い意味での協業関係にある」（動画配信事業者の幹部）。

民間各社にとって怖いのは、NHKの潤沢な予算だ。実際に地上波におけるNHKの番組制作費を見ると、在京キー局5社を合わせた金額に迫る勢いとなっている。

■際立つ潤沢な制作費 ―NHKと民放キー局5社累計の制作費―

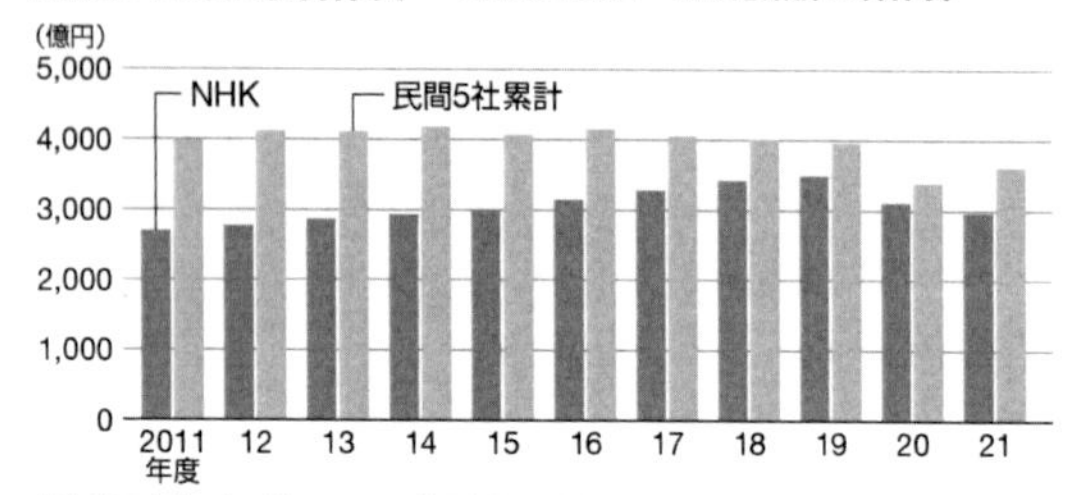

(注)億円未満は切り捨て。NHKは「国内放送費」が対象。テレビ東京ホールディングスはBSテレビ東京を含まず　(出所)各社の決算資料を基に東洋経済作成

民放関係者からは「ＮＨＫのビジネススキームは財源が違う。健全な競争関係という意味では、彼らが大きな資金を持って同じ土俵に乗り込んでくるのは一般論としてルール違反ではないか」という声も上がっている。

とはいえ、費用を投じれば勝てるという簡単な世界ではない。

世界のトレンドを見ると、ネットフリックスは２０２２年初め頃から会員数が伸び悩み、同年１１月から広告付きプランを始めた。すでに動画配信市場の伸びは鈍化しているというデータもある。

ＰｗＣコンサルティングの岩崎明彦ディレクターは「日本はまだ会員数に伸びしろがあるが、動画配信事業者もこれからは会員向けグッズの販売やイベント開催などを通じたマネタイズの多様化が求められる」と指摘する。

受信料が基盤となるＮＨＫにとっては、この点は足かせになる。公平な競争環境を守りつつ、ＮＨＫはネットという荒波を泳ぎ切らなければならない。

（高岡健太、二階堂遼馬）

「ＮＨＫがアーカイブ映像を駆使すれば民業圧迫になる」

立教大学教授・砂川浩慶

若い世代のテレビ離れ、ＮＨＫ離れは著しく、ＮＨＫの受信料収入はすでに減少基調に入っている。

ＮＨＫとしては新たな収益源としてネット受信料を徴収したい。総務省で議論を行っている公共放送ワーキンググループ（ＷＧ）は、現在放送法で補完業務とされているネット事業を本来業務へと格上げすることを目的としている。

ネット事業を本来業務化する際に無料でスタートさせれば、後から有料化するのは難しい。ＮＨＫや総務省は、本来業務化と同じタイミングでネット受信料を徴収する仕組みを考案するだろう。

だが、ここで問題が浮上する。NHKプラスの登録件数は受信契約世帯の1割にも満たないのだ。私が教えている学生に向けたアンケートでも「よく使う」と答えた学生は皆無だった。こんな状況下でネット事業の本来業務化など本当に実現できるのだろうか。

公共放送WGで、NHKはネット事業を本来業務化していったいどんなサービスを展開したいのか、一向に手の内を明らかにしない。不信を募らせる日本新聞協会や日本民間放送連盟が「民業圧迫だ」と批判を強めるのは当然だろう。

ではNHKにはキラーコンテンツがないのか。そんなことはない。NHKは着々と新サービスの準備を進めている。

最大の強みはアーカイブ映像だ。若い世代にとって森繁久彌には興味がなくても乃木坂46やジャニーズ事務所所属タレントは魅力的だろう。NHKの過去の映像をすべて視聴できるサイトがあったら、どんなに魅力的か。ネットフリックスやアマゾンプライム・ビデオには持ちえない、相当に強いコンテンツになる。NHKはすでに、過去素材・番組をファイルベース化し、職員が検索できる仕組みを持つ。この仕組みを活用し、法的にもネット事業が本来業務化されたとき、ＮＨＫは民放や動画コンテンツ業界にとって、とてつもない脅威になるのではないか。

（構成・野中大樹）

砂川浩慶（すなかわ・ひろよし）

１９６３年生まれ。早稲田大学卒業後、８６年に民放連職員。２００７年、立教大学准教授。１６年から現職。

制作の決定権者が圧倒的に高齢

NHKの「若者向け番組」が若者に刺さらない皮肉

テレビプロデューサー　江戸川大学非常勤講師・鎮目博道

「本当はテレビはあまり見ない。ユーチューブをやりたいのだけれどウェブ動画制作会社は待遇が悪くて不安定。だからテレビ制作会社を就職先として考えている」

今テレビ制作会社を志望している学生たちの本音はこんな感じだ。修業のつもりでテレビ制作会社で腕を磨き、いずれウェブ動画で勝負をかけたいと思う学生が増えている。

NHKのネット業務を「補完業務」から「本来業務」へと格上げする議論が進んでいるが、放送を配信に変えれば済むほど簡単な話ではない。テレビ朝日（放送）、ABEMA（配信）、動画制作を目指す大学生たちに教える立場（若者）と、3つの立場を経験している筆者から見えるＮＨＫの課題について述べてみたい。

「テレビよりもウェブ」という意識のシフトは、学生だけではない。映像制作会社もテレビからウェブ動画制作へ軸足を移しつつある。地上波よりＡＢＥＭＡのほうが自由に制作できる。そして最高峰の仕事ともいえるのが、ネットフリックスなどの海外配信の番組だ。制作費が桁違いに高額で、世界規模の勝負ができる。

ＮＨＫなど各局がネット配信に注力するのには、若者にも制作会社にもテレビが相手にされなくなりつつあることも影響している。

学生たちはＮＨＫを見ているのか。答えは大きく二分される。あえて表現すれば、放送局への就職を目指すような難関大学の学生たちはＮＨＫをよく見ている。制作会社を志望する普通の大学生たちはほぼＮＨＫを見ない。番組の面白さという点で、「ユーチューブ→民放→ＮＨＫ」という図式はすべての若者に共通する傾向だ。

ＮＨＫの番組で、学生が比較的見ているのが大河ドラマ、そしてニュースである。意外にも若者たちはむしろ高年齢層向けとも思える定番番組を好んで見ており、若年層をターゲットとしたＮＨＫの番組をあまり見ていない。

なぜ若年層にＮＨＫの番組が刺さらないのか。大きな理由が思い当たる。テレビ業界とウェブ業界は制作環境が大きく違うことだ。

ウェブの意思決定権者はとにかく若い。ＡＢＥＭＡの例だと、トップの藤田晋・ＡｂｅｍａＴＶ社長ですら４０代。番組制作を統括する「チーフプロデューサー」級の決定権者は３０代で、実働部隊のプロデューサーの主力は２０代だ。若者が企画を提案し、若者が決裁して制作されるから番組は当然、若者にぴったりフィットする。扱うテーマも恋愛などの身近なものが選ばれ、出演者も若者が共感でき、親しみの湧く人物が選ばれる。

そして制作にスピード感がある。ＡＢＥＭＡでは視聴者数などの指標が目標に達しない番組はすぐに打ち切られる。企画は採用されやすいが、振るわなければすぐ終わる。テレビが基準とする１クールは３カ月で、ダメな番組でも最低３カ月は続くのとはずいぶん違う。

一方のＮＨＫの制作プロセスは、ＡＢＥＭＡとはまるで逆といっていい。まず決定権者が圧倒的に高齢だ。チーフプロデューサーは５０代。実働部隊のプロデューサーの主力は４０代で、たまに３０代の若いプロデューサーがいても、上司たちが次々に口を挟み、自由にさせてくれないだろう。

企画は、高年齢の上司たちが決定する。「若者向けの番組もやっている」とアピールできる企画を高齢者が選ぶので、必然的に「意識高め」の番組が増え、「若者たちの政治参画意識は今」とか「国際社会の中で今日本の若者は」のような説教くさいテーマの番組ばかりになる。その結果、若者番組の体ではあるものの実際の視聴者は高齢者がほとんど。「そうか、今の若者はこうなのだな」と「高齢者が若者をわかったような気になる番組ばかり」という皮肉な事態になるのだ。

これではたしてＮＨＫはウェブコンテンツ業界にとって脅威となりうるのか。それは「やり方次第」だ。まず、ニュース制作力に関していえば、ＮＨＫほどの取材網を持つ報道機関はない。ＮＨＫが全力で制作すれば、ウェブ最強となることも可能だろう。

問題は娯楽番組だ。エンターテインメント・音楽の番組制作費は234億円に上る。タレントの出演料に関してNHKは民放に比べて驚くほど安い。特別な価格で出演してもらえるメリットがあり、「豪華な出演者をふんだんに使ったウェブ番組」を制作できる可能性がある。しかしながら、若者に受け入れられる面白いバラエティー番組を制作するのは、今のNHKの制作体制では難しい。ウェブ業界の中で民業の脅威にはならないだろう。

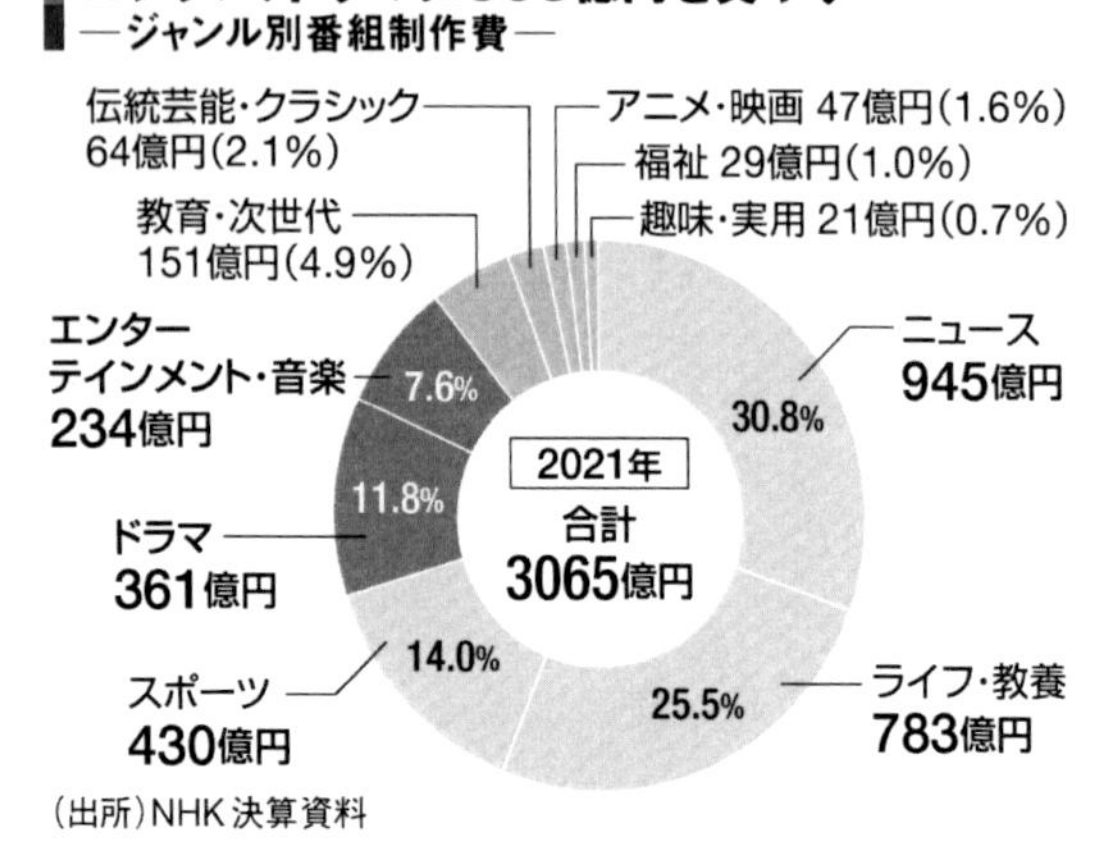
エンタメ、ドラマに595億円を費やす
―ジャンル別番組制作費―
伝統芸能・クラシック
64億円(2.1%)
アニメ・映画 47億円(1.6%)
福祉 29億円(1.0%)
趣味・実用 21億円(0.7%)
教育・次世代
151億円(4.9%)
エンター
テインメント・音楽
234億円
7.6%
ニュース
945億円
30.8%
2021年
合計
3065億円
11.8%
ドラマ
361億円
14.0%
スポーツ
430億円
25.5%
ライフ・教養
783億円
(出所)NHK 決算資料

ＡＢＥＭＡと正反対

若者がＮＨＫに違和感を持つ一番の理由は、ＮＨＫが「強制サブスク」と感じられることだ。音楽も動画もゲームも定額料金サービスが当たり前になっている若年層にとって、見たくなるような面白い番組がないのに、強制的に受信料を徴収されるＮＨＫは、「やめたくてもやめられない」理不尽なサブスクと同じなのだ。

ＡＢＥＭＡが成功した最大の理由は「ウェブでテレビをやろうとした」ことだ。ＡＢＥＭＡ立ち上げ当時、私たちテレビ朝日のスタッフは「ウェブっぽいコンテンツ」を目指そうとして藤田氏に一蹴された。「玉石混淆のウェブだからこそ、高品質なテレビクオリティーが受け入れられる」というのが藤田氏の考えだ。「若者が自由に作ったテレビ」だからＡＢＥＭＡは若者に見られるのだ。

ＮＨＫのベクトルはＡＢＥＭＡとは正反対のようだ。「若者はこんな感じだろう」という高齢者の発想に基づいた番組をウェブっぽく制作して若者に受け入れられるか。間違いなく失敗すると私は思う。

むしろＮＨＫの強みを再確認すべきだ。民放が視聴率にこだわり、若者や女性向けの番組を制作するのに懸命なのは、広告主の意向があるからだ。若者向け・女性向けＣＭの需要が高いのである。

本来ＮＨＫが視聴率を気にする必要はまったくないのに、なぜ異常なほど気にするのか謎だ。しかもウェブで動画を見るのはしだいに若者ばかりではなくなっている。であれば、本来ＮＨＫが目指すべきは、若者に媚びず幅広い視聴者層に受け入れられる番組作りだろう。大みそかの紅白歌合戦がなぜ最近不評なのか、ということと問題の根は同じなのではないか。

テレビマンたちは誤解しがちだが、ウェブの世界で「テレビのような大ヒット」を望むのは間違いだ。世の中の全員に刺さる番組は現代社会にはない。多様なコンテンツをそろえ、「多様なユーザーに深く刺さること」を目指すべきだ。

ＮＨＫもこれまでに積み重ねてきたノウハウと強みを生かして、ＮＨＫらしいコンテンツを作り続けるべきで、それが最も賢明な生き残り策ではないだろうか。

鎮目博道（しずめ・ひろみち）

１９９２年テレビ朝日入社。「報道ステーション」などを担当。ＡｂｅｍａＴＶの立ち上げに参画。２０１９年独立、近著に『腐ったテレビに誰がした？「中の人」による検証と考察』。

過労死した31歳記者の教訓は活かされたのか

「こんな説明会を開いている場合ではない」

「産業医面接の受診促進よりも、過労死の経緯をしっかり説明すべきではないのか」

2022年9月、NHKはオンラインで「協会における健康確保施策」に関する説明会を開催した。終盤、質疑応答の時間になると、職員からは厳しい指摘が相次いだ。

この説明会は、首都圏放送センター（現・首都圏局）で都庁クラブのキャップを務めていた男性（当時45）が2019年10月に死去し、22年8月に労災認定されたことを受けて開催されたものだ。亡くなる前に男性は長時間労働をしており、過労死だった。

だが、説明会に出席した複数の職員によれば、過労死の経緯について詳細な説明はなかった。一定以上の長時間労働をした職員に対して勧奨される産業医面接指導の受診率の低さが指摘され、受診を促すのが主な内容だったという。

過労死を受けた説明会の案内。問題は産業医面接の低受診率なのか

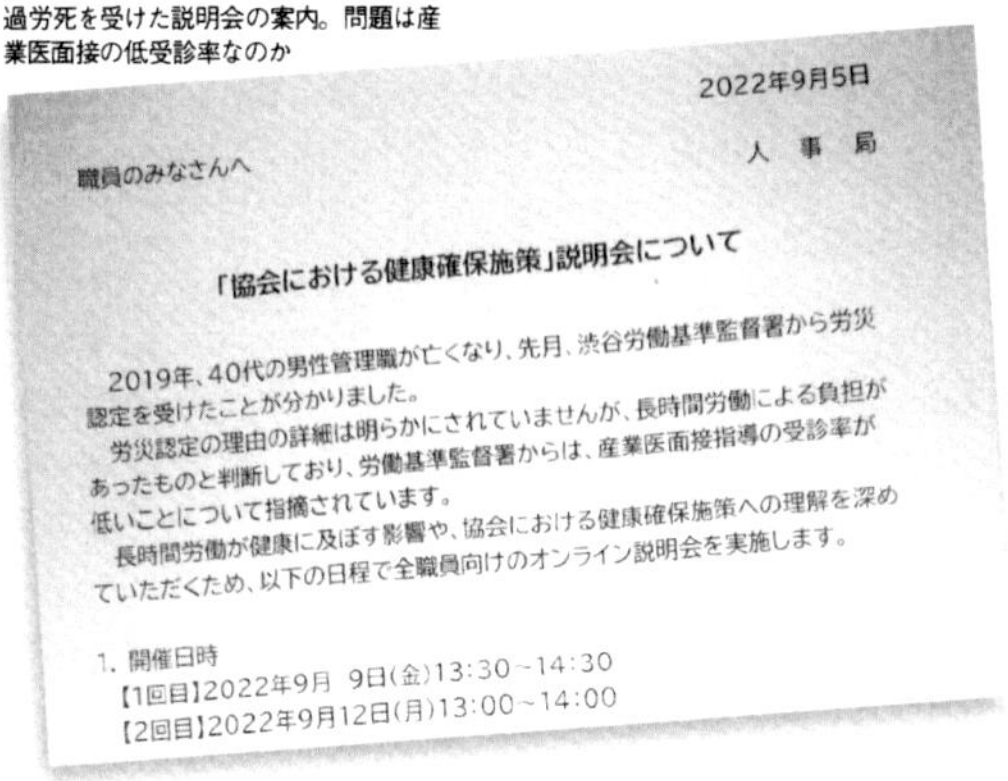

2022年9月5日

職員のみなさんへ

人　事　局

「協会における健康確保施策」説明会について

2019年、40代の男性管理職が亡くなり、先月、渋谷労働基準監督署から労災認定を受けたことが分かりました。

労災認定の理由の詳細は明らかにされていませんが、長時間労働による負担があったものと判断しており、労働基準監督署からは、産業医面接指導の受診率が低いことについて指摘されています。

長時間労働が健康に及ぼす影響や、協会における健康確保施策への理解を深めていただくため、以下の日程で全職員向けのオンライン説明会を実施します。

1. 開催日時
【1回目】2022年9月 9日(金)13:30～14:30
【2回目】2022年9月12日(月)13:00～14:00

ある職員は怒りをたたえてこう語る。「結局、ＮＨＫにとって職員の過労死はどこまでもひとごとなんですよ」。

というのも、ＮＨＫで過労死が起きたのは初めてではないからだ。２０１３年にも佐戸未和記者（当時３１）が亡くなった。しかも都庁クラブという同じ職場で、だ。佐戸さんの死をなぜ教訓にできなかったのか。

佐戸さんは２０１３年7月、うっ血性心不全で亡くなった。２００5年にＮＨＫに入局し、鹿児島放送局を経て２０１１年に都庁クラブへと配属された佐戸さん。真っすぐで、がん患者やダウン症の子どもなど弱者に寄り添う取材が持ち味だった。

２０１３年には、都庁クラブの最若手として東京都議選と参院選の取材に臨んだ。ところが参院選の投開票日を迎えてから3日後の7月２４日未明に音信不通になり、２5日になって駆けつけた婚約者が亡骸（なきがら）を発見した。

死亡前の時間外労働は、亡くなる2カ月前は１８８時間、直前の１カ月は２０９時間に及んだ。１カ月８０時間の過労死ラインを大幅に上回っており、２０１４年5月に渋谷労働基準監督署から労災認定された。遺族代理人の川人博弁護士は「労災認定された過労死の中でも、圧倒的な長時間労働だった」と振り返る。

佐戸さんがここまで働いたのは、選挙報道のためだ。選挙報道はＮＨＫの看板といえる。ＮＨＫの当選確実報道を受け、候補者たちは万歳を行うのが慣例だ。となれば、他社より先に正確な当確を打つべく、記者には情報収集への強いプレッシャーがかかる。

７月の参院選で佐戸さんは、担当する候補者の街頭演説をはしごし、有権者に支持政党などを聞いて回る街頭調査に時間を費やした。放送する映像の編集や試写などもあり、亡くなる直前は２４日連続勤務。終業時刻が深夜１時、２時になる日も珍しくなかった。


こうした働かせ方に問題があったのは明らかだ。ただＮＨＫは、過労死の事実すらすぐには局内に周知しなかった。理由は「遺族が公表を望んでいない」こととされ、２０１７年に対外公表するまで経営委員会にも報告していない。調査報告書も作られておらず、「過労死を出した組織として、極めて不十分な対応だった」（川人弁護士）。

結局、ＮＨＫが長時間労働の是正を含めた「働き方改革」を本格化させたのは

2017年度から。佐戸さんの死から4年が経っていた。働き方改革でとくに注力したのが、時間管理の厳格化だ。勤怠の打刻を徹底させ、長時間労働者には警告文が送られてくる。部下の長時間労働が管理者の賞与査定に影響するようにもなった。が、この改革は現場にひずみを生んだ。実労働時間の過小報告が横行したのだ。日中に「中抜け」したと偽ったり、終業の打刻をしてから自宅で仕事をするようになった。ずさんな勤務管理の実態を受け17年に人事・労務担当役員から各部局長に対して出された文書には、「なぜ、『あたりまえ』のことができないのか。誠に遺憾である」と強い表現が並ぶ。

その結果、一般職員の労働時間は減少傾向にあり「若手の残業時間は月25～30時間ほど」（ある管理職）という部署もある。ただそのシワ寄せは管理職に行った。部下を働かせられない分、自ら仕事を肩代わりせざるをえないのだ。

その中で起こったのが、2019年の都庁キャップの過労死だ。具体的にどんな業務が過労を招いたのかは明らかでない。ただ2019年7月には参院選があり、東京五輪関連の報道も本格化していた。死亡前5カ月間の時間外労働は月平均で最長92時間。半年間に2度、産業医面接の対象になっていた。男性を知る職員は「人の分まで苦労を背負い込む人だった」と語る。

NHKは2023年4月にも、新勤務制度を導入する。連続勤務の上限日数を12日とし、終業から始業までの間隔（インターバル）が9時間未満になる日を月4回までとするなど、長時間労働の是正にさらに踏み込む。ただ、労働時間を減らすと同時に本当に力を入れるべき仕事を厳選しなければ、現場は機能不全に陥る。選挙報道にしても、メディアとしては他社より先に当確を打つことを重視するが、記者の命を削るまでの価値を視聴者は見いだしているだろうか。

佐戸さんがNHKに送ったエントリーシートには、志望理由がこう記されている。「（NHKは）何が報道すべきことで、何が報道すべきことではないかが考えてあり、視聴者のことが最も考えられている」。今の働き方改革が、真に視聴者重視の番組づくりにつながるか。再検討が必要だ。

（印南志帆）

「娘を過労死させた真因を、今からでも検証してほしい」

佐戸未和記者の両親は今なお苦しんでいる。ＮＨＫで佐戸さんの教訓が活かされぬ今、両親が訴えたいこととは。

――２０１３年に娘の未和さんが亡くなって、１０年になります。

【父・守さん】　未和の過労死をめぐり、法的にはＮＨＫと調停が成立している。だが亡くなる前、そして亡くなった後のＮＨＫの対応には納得がいかない。過労死の経緯をめぐって関係者の証言を十分に集め、問題点を洗い出すような調査、検証をしておらず、調査報告書も作成していないからだ。

未和の長時間労働が放置された理由を、ＮＨＫは当時の記者に適用されていた勤務制度にあると短絡的に結論づけた。しかし、問題は制度だけではないはずだ。

ＮＨＫには、報道機関として過労死が起きたことを総括し、自戒を込めた検証番組のようなものを作ってほしい、と要望してきた。しかし、応じることはなかった。毎年、命日になると幹部がわが家に来るが、ただ私たちの話を黙って聞き置くという姿勢に徹している。こうしてＮＨＫが未和の過労死へのけじめをつけないまま、２０２２年８月には第２の過労死が労災認定された。しかも未和とまったく同じ職場で、だ。

――ＮＨＫは１７年まで未和さんの過労死を伏せており、職員にも周知しませんでした。

【守さん】　未和が過労により亡くなり翌年に労災認定されたことを、一周忌、三回忌ともに出席された全員に話している。ＮＨＫから多くの人が出席していたので、局内で伝わっているのだろうと思い込んでいた。しかし実態は違った。

【母・恵美子さん】　私は未和を失ったショックで心を病み、しばらく入院していたが、退院後の２０１７年春から「東京過労死を考える家族の会」の一員として活動し始めた。ある集会に参加した際、会場にＮＨＫの記者らが来ていたので、「佐戸未和の母です」と声をかけた。すると、皆ポカンとしている。
そんなことが頻発し、未和の過労死は局内でほとんど伝わっていないと気がついた。過労死防止に関する厚生労働省の協議会の傍聴席で出会った労働問題専門のＮＨＫの解説委員さえ、局内で起きた過労死を把握していなかった。未和と親交のあった若い職員の方々に事情を聞いたところ、局内では未和のことを話題にすることすらはばかられる雰囲気だという。

――ＮＨＫは「遺族が公表を望んでいない」と説明していました。

【守さん】「公表しない」とは一言も口にしていない。２０１４年に労災認定を受けた後、担当弁護士から記者会見をするかを問われ、辞退したのは事実。妻の焦燥ぶりがひどく、自殺しかねない状況だったからだ。記者会見を開ける精神状態ではなかった。しかし、会見をしないと公表する意思がないと見なされるとは思いもしなかった。

――未和さんは過労死ラインを大幅に上回る長時間労働をしていました。加えて職場の人間関係にも問題があったようです。

【守さん】　正確な時期は不明だが、未和が働く都庁クラブで上層部から「(番組の枠を埋めるための)出稿数が少ない」と叱責され、会議が開かれたという。そこで取材方針をめぐる議論があり、特ダネ路線でいくのか、1つのテーマを深掘りした記者リポート重視の路線でいくのかで意見が割れた。テーマを掘り下げた取材がしたい未和は、そこで特ダネ路線を主張するキャップと対立してしまった。

その会議を機に、キャップの未和への態度は豹変したという。キャップにほかの男性記者も追随していたので、未和はチーム内で孤立していたのかもしれない。

――未和さんが音信不通になってから発見されるまで2日間の空白があります。同僚はなぜ異変に気づかなかったのでしょうか。

【守さん】　「空白の2日間」の職場の対応を、NHKがどう検証したのか知りたい。同僚たちが未和の異変に気がつくチャンスは、少なくとも3回はあったからだ。

1回目は7月24日の面談。未和は横浜への異動が決まっており、都庁の局長、次長へあいさつに行くことを前日に先輩記者にメールで報告している。ところが、その場に未和は現れていない。それを不審に思った人はいないのか。その先輩記者にメールについて尋ねると「よく覚えていない」と返されてしまった。

2回目は、その日の夜に開催された首都圏放送センター選挙班の打ち上げ。そこにも未和は出席していない。そして3回目が翌25日。音信が途絶えた未和を婚約者が心配し、都庁クラブに電話した。受けたのは前述の先輩記者だが、「携帯の電源が切れているのでは」とまともに取り合わず、ほかのメンバーにも情報共有しなかった。なぜ一緒に働いている誰も未和の消息を確認しなかったのか。疑問は拭えない。

——今、最も強く訴えたいことは。

【恵美子さん】　未和は私の人生、希望そのものだ。なぜあのときそばにいてやれなかったのか、自分を責め続けている。こんな思いをほかの人にさせたくない。親からしたら、娘を見殺しにされたようなものだ。今からでも遅くない。検証・調査チームをつくり、当時の職場の実態を明らかにしてほしい。

（聞き手・印南志帆、野中大樹）

前田会長の「人事改革」に不満噴出

「ほころびが見つかるのかもしれません。必要があれば、手直しをしながらベストな姿を見つけていく」。NHK次期会長に任命された稲葉延雄氏は2022年12月の会見で「前田改革の評価」を問われ、こう答えた。

「ほころび」の中身については言及されなかったが、職員の間では、稲葉氏が、前田晃伸会長が断行した人事制度改革のことを暗示したという見方が支配的だ。

2020年1月に会長に就任した前田氏は、同年5月に会長特命のプロジェクトを立ち上げる。8月には会長秘書室が改革を実行に移すメンバーを公募。対象は20～30代の若手職員が中心だ。翌2021年1月に人事制度改革の全体像が職員に説明された。年功序列や縦割りを是正する中身だ。

新人採用では職域別採用が廃止され、管理職の昇級試験を導入。50代を中心に早期退職や転職を後押しする施策も始められた。

前田改革を前向きに評価する職員からは「受信料収入が減っていく中、バブル世代で高給の50代管理職の割合を減らそうとする方向は間違っていない」（30代記者）、「年功序列で管理職になった人の中には部下に仕事をむちゃ振りするような人が時折いる。そういう管理職を減らし、若手や中堅を登用しようとする姿勢は理解できる」（20代記者）という声が上がる。

だが反発も相次ぐ。記者やディレクター、技術といった職種別の採用をやめたことで、2年間は全新人が各職域を体験することになった。40代ディレクターは「記者志望やアナウンサー志望の新人が入れ替わり立ち替わり制作現場にやってくるようになったが、ちょっと見学したくらいではわからない」とため息を漏らす。

別の40代ディレクターは「ディレクターでも記者でも、NHKで働くことの醍醐味は、1つの事案を生涯をかけて追い続け、他メディアではつくれない高いクオリティーのコンテンツを制作できるところにある。縦割りを壊すといえば〝改革〟として聞こえはよいが、縦割りだったからこそ、横やりを入れられず、現場が仕事に専念できた面もある」と肩を落とす。

選考のブラックボックス

改革では、管理職と一般職という分類から、基幹職と業務職という分類へと変更した。旧管理職である基幹職は、

TM（トップマネジメント：公共メディアのリーダー）
M（マネジメント：所属組織のリーダー）
Q（品質・業務管理：複数分野をつなぐリーダー）
P（専門：担当分野のリーダー）

の4ランクに分けられ、それぞれに試験を設けた。

2022年12月5日に公表された22年度の最終選考結果によれば、TMはエン

トリー数380人に対し最終通過者数28人で、通過率は7・4%。基幹職全体でも15%以下にとどまる。

能力評価の試験によって、職員約1万人の37%を占めていた管理職を23年度中に25%まで減らす方針だ。改革の主眼は管理職の割合を減らすことにある。受信料収入が先細りする中では合理的な判断ともいえるが、単なる数字合わせではないかという見方もある。

通過率は2割にも満たない ―2022年度の最終選考結果―

	P選抜	Q選抜	M選抜	TM選抜	総計
エントリー数（人）	871	626	820	380	2,697
最終通過者数（人）	111	119	107	28	365
通過率（%）	12.7	19.0	13.0	7.4	13.3

（出所）NHKの内部資料や取材を基に東洋経済作成

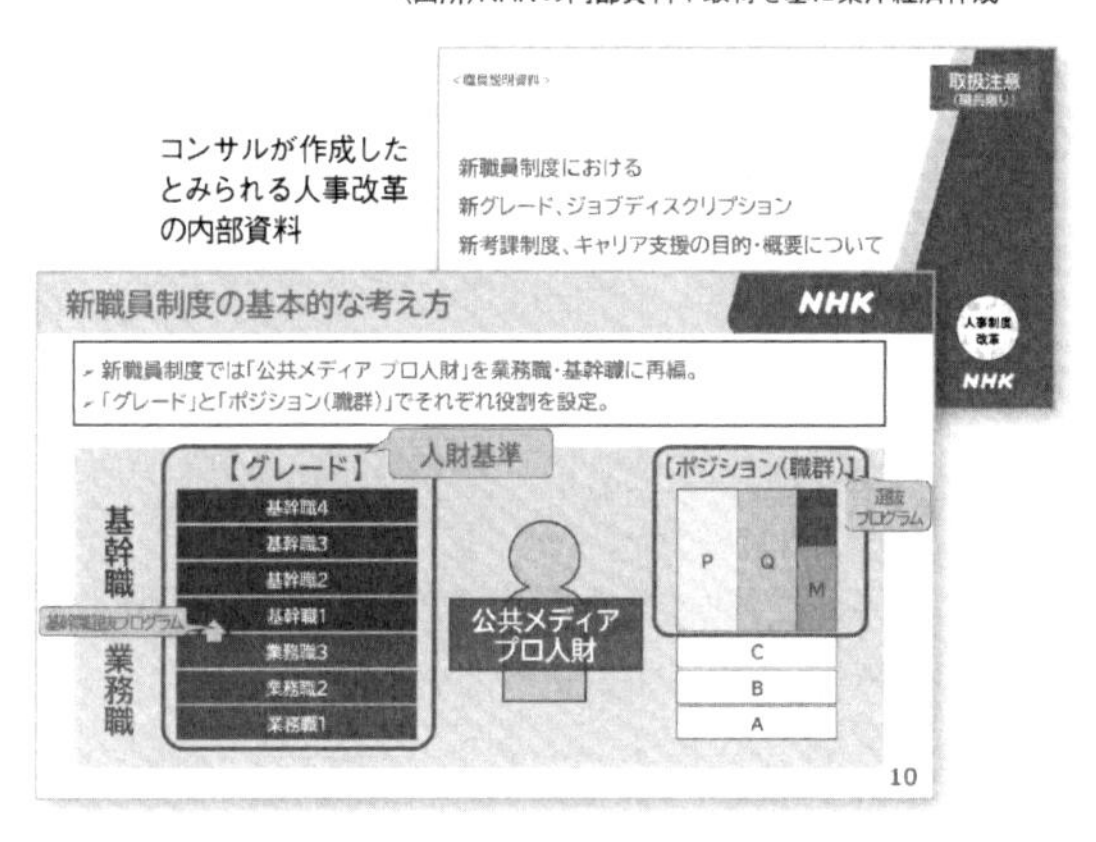

コンサルが作成したとみられる人事改革の内部資料

「納得がいかない、説明をしてほしいと上層部にまでかけ合ったが、結局、説明はされなかった。あんな不透明な選考で決められるくらいなら辞めてやろうと」

こう語るのは2007年に入局し、23年退職した元制作局職員だ。「NHKスペシャル」のディレクターや「あさイチ」で企画コーナーのチーフ的な業務をしていたが、21年度のP選抜で不合格とされた。

「新型コロナで騒然としていたときにコロナ企画の番組を年間50本はつくっていた。ボーナスの査定は2年連続最高ランクで、まれなケースのはずだ。実務では誰にも負けていないはずなのにP選抜に落ちたのは、なぜなのか」

不合格通知の〈今後　特に意識するべきポイント〉には「人財育成への取り組み」とあるが、〈評価が高かったポイント〉にも「人財育成に取り組む意識」とある。「内容が論理破綻している。人事制度改革がいかに人を見ず、数字合わせをしているかが証明されている」(同)。

人事制度改革では人事権を現場から人事局に集中させた。昇級の合否は試験結果から判断するため、現場での実績や評価と乖離しているという疑念が拭えない。「なぜこの人が合格したのか」。そんな疑念の声は試験に合格した職員からも上がっている。

従順な「会社員」を増やす

先の元制作局職員は、以前存在した管理職への登用資格は取得していた。それだけに人事制度改革には不合理を感じている。「是正を訴える者を排除し、従順な会社員だけで管理職を固めていては、真の改革は不可能だろう」。

2次試験以降の面談やグループディスカッションではマネジメントやハラスメントなどリスク管理に関する質問が大半を占める。

西日本の40代デスクは「NHKには、サービス残業をしてでも地道に取材を重ねている記者が少なくない。彼らの日頃の努力は昇級試験の評価対象にはなりにくい。書類をうまく書き上げ、グループディスカッションでスマートに対話のできる人間が『マネジメント能力がある』として昇格していくのは腑に落ちない」といぶかる。

誰のために改革しているのかが見えないという指摘もある。人事制度改革にはボストン コンサルティング グループやデロイト トーマツ コンサルティングなど大手コンサル会社が関与してきた。50代のディレクターは、特殊法人であるＮＨＫが大手コンサルの手を借りて改革を進めることに怒りを抑えきれない。「ＮＨＫは国民の受信料で成り立っている。そのお金をコンサルに支払い、ＮＨＫはどこへ向かおうとしているのか」。

「ほころび」をどう見直していくか。稲葉次期会長の一手に注目が集まる。

（野中大樹、井艸恵美）

【揺らぐ公共放送の意義】独立は守られているか

安倍政権以降強まる官邸の意向

ジャーナリスト・伊藤　歩

徴税権に準ずるほどの強力な受信料徴収権。なぜ放送局で唯一ＮＨＫだけに与えられているのか。国家権力や資本家、いかなる団体からの影響も受けず、独立した編集権をＮＨＫに持たせるためにほかならない。

それは国営放送局だった戦前の日本放送協会が、大本営発表の虚偽の戦況と軍部礼賛の報道によって、国民を欺き続けたことへの反省から生まれた知恵といえる。

だがはたしてＮＨＫは国家権力からの独立性を確保しているといえるのだろうか。

国が金も人事も掌握

放送法はまだ日本がGHQ（連合国軍総司令部）の支配下にあった1950年、電波法、電波監理委員会設置法とともに、いわゆる電波3法として施行された。

一般事業会社の取締役に当たる経営委員は衆参両院の承認を経て内閣総理大臣が任命。会長はその経営委員が指名し、一般事業会社の執行役員に当たる理事も経営委員の同意を得て会長が指名する。

予算・事業計画も国会の承認を必要とする。国会での審議というと一見、民主的なようだが、結局は金も人事権も政権与党に握られ、人事権を通じて番組内容に関与できる組織とみることができる。

つまり戦後のNHKは最初から「政権与党にとって金（＝税金）は出さなくても口を出して人事を左右できる利便性の高い〝報道装置〟」（NHKに関する多数の著書があるジャーナリストの小田桐誠氏）なのだ。

GHQは民主化政策を推し進め、一度は言論の自由を日本国民に与えた。だが、東西冷戦の深刻化とともに、早くも1948年には占領政策を百八十度転換、言論統制を強めた。朝鮮戦争勃発は電波3法施行からわずか24日後である。

そんな世界情勢の真っただ中で、日本国政府も日本の世論もコントロールしたい米国政府が、NHKに国家権力からの独立性など許す気は毛頭なかったとすれば、NHKの金も人事権も国に握らせたことは、いわば必然である。

戦後のNHKの歴史の中で政権与党との結び付きがあからさまになったのは、1960年代のことだ。NHKの会長選考は、自民党人事抗争の代理戦争の様相を帯びた。

1964年、NHK会長選は、首相4選を阻止された池田勇人氏と、阻止した佐藤栄作氏の代理戦争となり、佐藤氏の強い推しによって前田義徳氏が会長の座を射止めた。

前田氏が、国会での予算審議前に自民党通信部会、政務調査会、総務会に会長自ら事前説明に回る仕組みを導入したのは、自身の就任経緯からすれば当然のことだった。

ただし自民党自体が、多様な価値観を持つ傑物たちが群雄割拠し、よくも悪くもバランスが取れていたために、1990年代半ばごろまではさほど深刻な事態は起きなかった。

だが1996年の衆院選から小選挙区制が導入されると、自民党内の勢力図が一変。森喜朗政権末期の2001年には、政治介入によって番組内容が大きく改変されたとされる、いわゆる「NHK番組改編問題」が発生した。その後、2度の安倍晋三政権で、官邸によるNHKへの介入はより先鋭化していく。

経営改革を官邸が主導

2006年、第1次安倍政権が発足すると、菅義偉総務相はNHKの受信料支払い義務化と、支払い義務化による増収分を原資とする受信料の2割引き下げを政治課題として掲げた。受信料引き下げは実現すれば票につながる。放送法に受信料の支払い義務を盛り込めば、未払い世帯への強制執行が格段にたやすくなるから、財源確保もセットにした改革である。

この案に内部昇格で会長に就いていた橋本元一氏が抵抗すると、古森重隆・富士フイルムホールディングス社長を経営委員長として送り込み、受信料の1割値下げを実現させ、会長には福地茂雄・アサヒビール元会長を就かせた。

菅氏は自身の著書で、官邸主導のNHK経営改革に向け、官邸が人事権を行使したことを明言している。NHKの経営委員長は、複数年、委員を経験したのちに就任する慣例も、このとき破られた。

第2次安倍政権下では、これまた慣例を破って野党の反対を無視、安倍氏に近い人材で経営委員会が固められ、その経営委員会の指名で誕生した籾井勝人会長（三井物産元副社長）が、就任会見で「政府が右と言っているのに、われわれが左と言うわけにはいかない」と発言、受信料制度の根幹たる国家からの独立性を否定した。

2014年、報道番組「クローズアップ現代」で、国谷裕子キャスターが菅氏に厳しい質問をしたことが菅氏の怒りを買い、それが2016年3月の国谷氏の番組降板につながったとの見方は今も根強くある（菅氏は影響力行使を否定）。

2016年には高市早苗総務相が、放送内容が政治的公平に抵触しているかどうかを判断するのは、行政当局であることを前提とした発言を行った。

前田晃伸会長まで5代続いた経済界出身の会長たちは、受信料の引き下げとコストカットには積極的だったが、巨額の貯め込みは問題視しないばかりかむしろ加速させた。菅氏も貯め込みを問題視したことがない。

税金を投入することなくNHKをコントロールできる官邸にとって、NHKは「国家権力から独立した報道機関」という仮面を着けてくれている今の状態が最も望ましいのではないか。NHKの貯め込み加速は、NHKの体力強化を狙った官邸の意向そのものなのではないのか。

NHKを国家権力から解放するには、放送法を改正し、予算・事業計画の審議権と人事権を国から取り上げ、視聴者による組織を立ち上げて移管するしかない。だが受信料制度に不満を抱く国民の大勢の意見は「見ないのに対価を払いたくない」という次元にとどまる。

NHKに権力の監視を期待しない、それどころかその必要性すら認識しない国民が増えているのだとしたら、日本は本当に危うい。

ネット配信で先行する英国は手本になるか

制度見直しで揺れるＢＢＣ（英国放送協会）の行方

在英ジャーナリスト・小林恭子

２０２２年夏以降、スキャンダルや財政政策の失敗で３人目の首相を迎えた英国。トップすげ替え劇の陰で２０２３年まで議論が持ち越しになったのが、公共放送ＢＢＣ（英国放送協会）の料金徴収のあり方だ。ＮＨＫの放送受信料に相当する、ＢＢＣの「テレビライセンス料」（以下、受信料）制度は今後も続くのかどうか。

英国の放送・通信業を管轄するデジタル・文化・メディア・スポーツ（ＤＣＭＳ）省のナディーン・ドリス大臣（当時）は２０２２年1月、ツイッターで受信料制度の廃止を暗示した。ドリス大臣は反ＢＢＣの強硬派として知られる。もし廃止となれば、ＢＢＣの将来が危うくなる。

続いて4月、政府は放送業の未来を描く「白書」で制度見直しを明記。これを踏まえて夏には政府とBBCが話し合いを始めるはずだったが、相次いで首相が辞任した。10月末に成立したリシ・スナク政権で文化相を担うのは、リズ・トラス首相時代に任命されたミシェル・ドネラン氏。かつて「受信料制度は不公平な税金。いっさい廃止するべきだ」と発言した人物だ。

2022年12月6日、下院のDCMS委員会に召喚されたドネラン文化相は過去の発言からは一定の距離を置いたものの、「受信料制度が長期的に持続可能なモデルでないことは否定できない」と述べた。今後、委員会を設置し制度のあり方を探る。

BBCは民間放送企業としての開局から、2022年10月で100周年を数える。1920年代から、BBCの国内活動資金のほとんどは受信料収入による。最新の年次報告書(21~22年)によると、受信料収入の総額は38億ポンド(約6100億円)に達する。これに国際放送「BBCワールドサービス」運営のための政府からの交付金、制作コンテンツを海外市場向けに販売する商業部門関連の収入を合わせると、収入総額は53億3000万ポンドに上る。

ＢＢＣは約１０年ごとに更新される「王立憲章（ロイヤルチャーター）」によって、その存立が定められている。現行の王立憲章の有効期間は２０１７年１月から２７年１２月末まで。この期間内は受信料制度の継続が決まっている。焦点となるのは、２０２８年以降どうなるかだ。

受信料の金額は政府とＢＢＣの話し合いで決定される。２０２２年１月、ドリス前文化相は１５９ポンドの受信料を今後２年間、２３～２４年度まで値上げしないと発表した。その後はインフレ率に上乗せした形で上昇する。

現行の金額は２０２０～２１年度から続いているが、英国は今、物価とエネルギー価格の急騰が国民の生活を直撃している。インフレ率を加味すると、受信料収入は実質的に２桁の減収となる。

受信料制度が「維持できない」理由はメディア環境の激変だ。ＢＢＣを含む英国の主要テレビ局は１５年ほど前からオンデマンド・サービスに力を入れてきたが、動画投稿サイト「ユーチューブ」や、「ネットフリックス」「アマゾンプライム・ビデオ」などの有料動画サービスが多くの人を魅了している。

2022年7月、貴族院の通信・デジタル委員会が、受信料制度に代わる資金調達方法について調査を行った結果を報告書としてまとめた。複数の例が紹介されているが、1つ目が広告収入のみの場合だ。BBCの収入が減ってしまい、広告収入を主要な収入源とする民放へも負の影響がある。

2つ目が有料視聴制。これも収入が減る見込みで、視聴者の幅も狭く限定することになる。国内全体に価値あるサービスを提供するというBBCの存在目的を果たすことができなくなる。

3つ目は、所得額と関連づけた金額を徴収する案。価格が上下する、不公平感が出る可能性などが指摘された。4つ目が、通信税を導入する案。ブロードバンド環境の違いによって、これも不公平感が出る可能性ある。

5つ目が、普通税の一部とする案だ。視聴する・しないにかかわらず一定金額を徴収するが、住宅の価値によって決まるカウンシル税（地方税に相当）にひもづけるなどで不公平感を解消させる。ただし、住宅の価値が高くても収入が低い場合、逆に不公平感が増す場合もありそうだ。

ドイツやフランスは全世帯に義務化
―諸外国の「受信料」制度との比較―

	日本（NHK）	英国（BBC）	ドイツ（ARD、ZDF）	フランス（FTV）
名称	放送受信料	テレビライセンス料	放送負担金	消費税
料金（年額）	地上 1万4700円 衛星 2万6040円	2万3384円	2万8287円	1万7717円
受信料収入	6801億円	5589億円	1兆813億円 （2法人合計）	―
支払者	受信機の設置者	テレビ番組を視聴するおよびBBCのVODを利用する世帯	すべての住居占有者と事業主	個人、事業体
徴収主体	放送局	放送局 （民間に委託）	放送局（別法人が共同で一元徴収）	政府
徴収率	79.6%	91%	93%	―
徴収費用	622億円	176億円	245億円	―
強制徴収	×	×	○	―

（注）日本円換算には2021年の年間平均レートを使用。NHKの年間受信料額は前払い割引前の口座振り替え、クレジットカード払いの月額から計算。徴収率について、日本、英国、ドイツは21年度
（出所）総務省「諸外国の公共放送に関する制度について」と取材を基に東洋経済作成

欧州ではドイツ、フランス、フィンランド、スイス、ノルウェー、スウェーデン、デンマークなど、公共放送の受信料制度を廃止する国が相次いでいる。ドイツやスイスでは普通税の一部が使われ、フィンランド、スウェーデンでは所得税から公共放送用の資金を捻出。ノルウェーとデンマークは国家予算として割り当て、フランスは消費税を資金源とする。何らかの形で税金を投入し、公共放送を維持する流れがある。

しかし英国の場合、税金と関連づける収入源は時の政権や政治家の影響を受けやすく、報道機関としての独立性を重要視するBBCにはそぐわないという見方が強い。

EBU（欧州放送連合）は公共放送の資金繰りについて考えるときに守られるべき指針を出している。「安定し、適切かどうか」「政治的および商業上の利益から独立しているか」「国民および市場から見て公正か」「調達方法に透明性があるか」である。

政府とBBCは、2028年以降の公共放送の新たな資金調達方法について、これから本格的な話し合いを始める見込みだ。

小林恭子（こばやし・ぎんこ）
成城大学卒業。デイリー・ヨミウリ記者などを経て渡英。英メディアを観察するブログ「英国メディア・ウオッチ」を運営。著書に『英国公文書の世界史　一次資料の宝石箱』。

「独立性という魂がなければ受信料を取る資格はなくなる」

早稲田大学名誉教授・上村達男

ＮＨＫのガバナンスを担保するはずの経営委員会制度。会社法が専門で、経営委員会の委員長職務代行者を務めた経験のある上村達男氏に話を聞いた。

――受信料は強制徴収できるとされています。

受信料を強制徴収できる根拠は、ＮＨＫを「公共財」と見なすからだ。放送法の理念は「放送が表現の自由を確保し健全な民主主義の発達に資するために存在する」とされ、放送は憲法の根幹を担っている。民放にも適用される理念だが、ＮＨＫはそれに特化した報道機関であるからこそ、受信料の徴収が認められるわけだ。

しかし、実際の放送内容が公共的な役割に特化していなければ、受信料を取る資格はない。

――公共的役割とは何でしょうか。

災害報道はもちろん大事だが、欧州でいう公共性とは人権と民主主義を軸にしている。その具体的なものとして格差や貧困、戦争などが報じられる。しかし、NHKがこうした問題に積極的に踏み込んできたとはいえない。

政治的な問題でも少数意見を持つ人がいる。公共放送の中立性や独立性は、どの番組でも中立な立場を取るという意味ではない。少数意見を掘り起こし、公正に伝えることも、健全な民主主義の発達に資する重要な役割だ。

公共性とは民主主義に基づいた人権や独立性という魂の問題だ。その魂がNHKに本当にあるのか。

経営委員の権威がうせる

――経営委員会は、安倍政権時代には首相に近しい人物が委員に選ばれていました。

経営委員は国会で承認を得て選出される。こうした国会同意人事が政府任命人事と異なるのは、NHKや日本銀行など政府から独立した機関の人事という点だ。国会同意人事は与野党一致か、最低限野党1党の同意がなければならないという慣例が日本にあった。かつて総務省は野党も賛成する経営委員候補を探すのに苦労していた。

これを完全に無視して、政府任命人事と混同したのが安倍政権だ。政府任命人事は税金を扱う業務で、選挙に勝った与党は税金を使う権限がある。しかしNHKは税金による運営ではない。その点を政府が区別できないでいる。

NHKの経営をチェックするはずの経営委員が首相のお友達人事によるものとなれば、経営委員の権威自体がなくなってしまう。制定法に対して、憲法や人権という強力な規範は欧州では「law」そのものである。NHKのガバナンスの脆弱さには、先人たちが培った慣習をlawとして認識できない日本の国会の現状が表れている。

――欧州では受信料を義務化している国もあり、日本でも義務化すべきだという政治家もいます。

フランスのように政治に対する市民によるコントロールが日本よりも効き、人権が根底にある国であれば税金による徴収もありうる。しかし税金ならば政府が好きなようにできると考える国では、税金による公共放送の運営は時々の政府のためのものとなってしまう。

日本は明治以降、欧州から法律という形は輸入できたが、人権などの魂の部分は受け継げないできた。「仏造って魂入れず」ということだ。経済が巨大化した日本社会で、実は公共性という魂を欠いてきたことが重大な問題だと突きつけられている。

（聞き手・井艸恵美、野中大樹）

上村達男（うえむら・たつお）

２００６年に早稲田大学法学部長。専門は会社法、資本市場法。資生堂社外取締役などを歴任。ＮＨＫ経営委員会委員、同委員長職務代行者を務めた。著書に『ＮＨＫはなぜ、反知性主義に乗っ取られたのか』など。

「批判する人に対して冷たいＮＨＫ　なぜ必要なのか説得してこなかった」

東京大学教授・林　香里

なぜ受信料制度は国民から理解を得られないのか。メディア学が専門の林香里氏（東京大学理事・副学長）に、公共放送の未来について話を聞いた。

――ＮＨＫはネット配信事業を本格化させようとしています。

ネットが私たちの生活に欠かせない存在となった今、ＮＨＫもネットに進出するしか道はない。しかし、ＮＨＫが本当に必要だという理由づけをきちんと説明しない限りは、新事業について国民の理解を得るのは難しいだろう。

ＮＨＫという組織は、いまだに内向きだと感じる。会長や経営委員の決め方、自民党との関係は不透明なままで、情報開示を求めたり、批判したりする人に対しては、一貫して冷淡だ。視聴者の顔色は気にするけれど、政策的な話になると途端に自民党や官邸ばかりを見る。国民を説得してこなかったツケが回ってきているように思う。

――一部で放送のスクランブル化を求める声が強まっていますが、なぜ受信料制度は理解が得られないのでしょうか。

受信料は一つひとつの番組に支払う対価ではなく公共放送制度を維持するためのもの。そうした根本的な理解がないからスクランブル化という議論に負けてしまう。

これまで、国民は受信料を惰性で払ってきた印象が強いが、受信料制度は本来、健康保険制度のようなもの。健康であっても、診療や検査などが必要なときのために、皆でお金を出して制度を支える。同じように、私たちの社会には、民主主義の実現のために、健全な情報を提供し続ける機関が必要だ。

ただ、こうした公共放送制度の必要性と、ＮＨＫという組織の維持とは分けて考えるべきだろう。

――公共放送は必要だが、それを担うのがNHKでよいのかと。

海外には、公共放送が1局ではなく複数ある国も多い。公共放送は、本当はNHKだけでなくてもいい。しかし日本ではNHKが巨大化し、身動きが取れない状態になってしまった。

NHK、ひいては公共放送がなぜ必要なのかという根本的な議論がないまま、話題に上るのは受信料のわずかな値下げや、組織のスリム化といった経営の話ばかり。これでは公共放送を維持しようという方向には向かわない。

マイノリティーに冷たい

――NHKだけが受信料で維持されていることに、民放や新聞社からの反発もあります。

民間は営業して広告を取っているが、NHKは自動的に受信料が入ってくる。それにもかかわらず、民放と同じ手法で視聴率を上げようとする。一方で民放や新聞社もネットに追い上げられて自分たちの存立基盤を失いつつあり、社会全体で公共性を維持しようとは考えにくい構造に陥っている。

日本はNHKと民放の二元体制が戦後から続いてきた。民放は無料なため、情報にお金が必要だという意識が根付かなかった。受信料制度という案外難しい議論を皆で共有していかなければならない。

マスが弱まり多様性の時代になった。Eテレでは障害者やLGBTQなどのマイノリティーを積極的にテーマに取り上げているが、報道番組はマイノリティーに対して冷たい。公共と名のつくメディアこそ、知られざる人を掘り起こし、踏み込んだ報道が求められている。

（聞き手・井艸恵美、野中大樹）

林　香里（はやし・かおり）
ロイター通信東京支局記者、独バンベルク大学客員研究員などを経て、東京大学大学院情報学環教授。専門はジャーナリズム、メディア研究。著書に『メディア不信　何が問われているのか』など。

【週刊東洋経済】

本書は、東洋経済新報社『週刊東洋経済』2023年1月28日号より抜粋、加筆修正のうえ制作しています。この記事が完全収録された底本をはじめ、雑誌バックナンバーは小社ホームページからもお求めいただけます。

小社では、『週刊東洋経済 eビジネス新書』シリーズをはじめ、このほかにも多数の電子書籍ラインナップをそろえております。ぜひストアにて「東洋経済」で検索してみてください。

『週刊東洋経済 eビジネス新書』シリーズ

No.423　欧州動乱史
No.424　物流ドライバーが消える日
No.425　エネルギー戦争
No.426　瀬戸際の地銀

週刊東洋経済eビジネス新書　No.453
NHK　受信料ビジネスの正体

【本誌（底本）】
編集局　野中大樹、井艸恵美、長谷川　隆
デザイン　杉山未記、熊谷真美、中村方香
進行管理　三隅多香子
発行日　2023年1月28日

【電子版】
編集制作　塚田由紀夫、長谷川　隆
デザイン　市川和代
制作協力　丸井工文社
発行日　2024年5月9日　Ver.1

発行所　〒103-8345
東京都中央区日本橋本石町1-2-1
東洋経済新報社
電話　東洋経済カスタマーセンター
03（6386）1040
https://toyokeizai.net/
発行人　田北浩章

電子書籍化に際しては、仕様上の都合などにより適宜編集を加えています。登場人物に関する情報、価格、為替レートなどは、特に記載のない限り底本編集当時のものです。一部の漢字を簡易慣用字体やかなで表記している場合があります。本書は縦書きでレイアウトしています。ご覧になる機種により表示に差が生じることがあります。

※本刊行物は、電子書籍版に基づいてプリントオンデマンド版として作成されたものです。